OPUSCULES

ENTOMOLOGIQUES

PAR

E. MULSANT,

Sous-Bibliothécaire de la ville de Lyon,
Professeur d'Histoire naturelle au Lycée,
Correspondant du ministère de l'Instruction publique,
Président de la Société Linnéenne de Lyon,
Membre de l'Académie des Sciences, des Sociétés d'Agriculture
et Littéraire de la même ville, etc.

ONZIÈME CAHIER.

PARIS.
MAGNIN ET BLANCHARD, LIBRAIRES,
rue Honoré Chevalier, 3.

1859. — 1860.

OPUSCULES

ENTOMOLOGIQUES.

Lyon. -- Imp. de F. Dumoulin, rue Saint-Pierre, 20.

OPUSCULES

ENTOMOLOGIQUES

PAR

E. MULSANT,

Sous - Bibliothécaire de la ville de Lyon,
Professeur d'Histoire naturelle au Lycée,
Correspondant du ministère de l'Instruction publique,
Président de la Société Linnéenne de Lyon,
Membre de l'Académie des Sciences, des Sociétés d'Agriculture
et Littéraire de la même ville, etc.

ONZIÈME CAHIER.

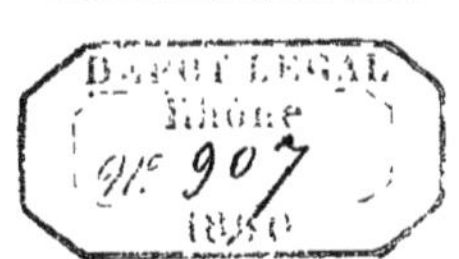

PARIS.
MAGNIN ET BLANCHARD, LIBRAIRES,
rue Honoré Chevalier, 3.

1859. — 1860.

A M. LE DOCTEUR H. SCHAUM,

VICE-PRÉSIDENT DE LA SOCIÉTÉ ENTOMOLOGIQUE DE BERLIN,
MEMBRE DE DIVERSES ACADÉMIES OU SOCIÉTÉS SAVANTES.

Monsieur,

Je ne veux pas rappeler ici les travaux remarquables et si divers, qui vous ont donné parmi les entomologistes un rang si élevé ; mon désir, en vous offrant ces pages, était de vous redire quel souvenir agréable je conserve des jours passés avec vous soit en Angleterre soit en France, des relations entretenues depuis avec vous, et de vous renouveler l'assurance des sentiments affectueux avec lesquels

J'ai l'honneur d'être,

votre tout dévoué,

E. MULSANT.

Lyon, 10 mai 1860.

TABLE DES MATIÈRES.

FIN DE LA TABLE DES MATIÈRES.

Lyon, Lith. Th. Lépagnez

MARC-ANTOINE TIMEROY,

BOTANISTE

Né à la Frette, (Isère) le 22 août 1793, mort à Lyon le 13 Novembre, 1856.

NOTICE

SUR

MARC-ANTOINE TIMEROY,

PAR

E. MULSANT.

(Lue à la Société Linnéenne de Lyon.)

La Société linnéenne de Lyon (1) perdait naguère un de ses membres les plus dignes et les plus dévoués; notre ville, un de ses citoyens estimables; la Botanique, un des hommes qui la cultivaient avec le plus de zèle et de succès.

Marc-Antoine Timeroy dont je veux vous entretenir quelques instants, naquit à Lafrette (Isère) le 22 août 1793, au sein d'une honnête famille. Quand l'âge de s'occuper de son instruction fut arrivé, il fut confié d'abord à un prêtre du voisinage; plus tard, il fut placé au collége de la Côte-Saint-André, pour y achever ses études.

A peine sortait-il de cette maison d'éducation, que la conscription, à laquelle il était alors si difficile d'échapper, le força d'endosser, en 1812, l'habit de soldat. Le capitaine chargé du détachement des recrues dont il faisait partie, frappé de ses manières distinguées, eut recours à ses lumières pour la tenue de sa comptabilité, genre de travail avec lequel il était sans doute peu familiarisé. Cette circonstance, jointe aux talents calligraphiques de Timeroy, le firent admettre dans les bureaux militaires; il était secrétaire d'état-major au siége d'Ancône.

Les événements de 1814, en rendant la paix à la France,

(1) Il avait été admis le 10 août 1846. — De 1849 à 1855, il avait aussi fait partie de la Société d'Agriculture de Lyon.

lui permirent de rentrer dans ses foyers. Quelque temps après, il quitta le Dauphiné pour venir s'établir à Lyon. Il chercha d'abord une occupation dans l'industrie de la soie ; mais, plus tard, il se créa, comme teneur de livres, une position qui lui assurait une aisance honnête et une certaine indépendance. On lui avait proposé l'emploi d'arbitre près le tribunal de commerce, emploi qui pouvait le mener à la fortune; il avait refusé cette offre.

Le 7 janvier 1823, il épousa Mlle Etiennette Nifenecker, d'une famille originaire d'Alsace.

Jusqu'alors, Timeroy était resté étranger aux études scientifiques. Son âme, si belle et si facile à impressionner, aspirait cependant à goûter, dans les moments de loisir qui lui restaient, quelques-unes de ces jouissances intellectuelles qui prêtent tant de charmes à l'existence.

En 1829, il suivit le cours de botanique professé par M. Thevenin, pharmacien de notre ville. Ces leçons ne tardèrent pas à développer en lui cette passion heureuse, qu'il devait nourrir si vivace jusqu'à ses derniers instants. Il s'adonna dès lors à cette science, avec un ardeur et un talent qui le firent bientôt classer au nombre des botanistes les plus habiles de notre cité. Ses excursions dans nos environs lui permirent de signaler une foule de plantes regardées jusqu'à ce jour comme étrangères à nos campagnes. Une partie de ses conquêtes se trouve indiquée dans le Supplément (1) à la Flore lyonnaise, donné en 1835, sous le voile de l'anonyme, par notre zélé botaniste M. Roffavier. Mais depuis cette époque, de combien de découvertes intéressantes n'aurait-on pas eu à lui faire honneur? Doué de cette sûreté de coup-d'œil que

(1) Supplément à la Flore lyonnaise, publiée par le docteur J.-B. Balbis en 1827 et 1829, ou Description des plantes phanérogames et cryptogames, découvertes depuis la publication de cet ouvrage. — Lyon, typ. Louis Perrin, 1835, in-8° (de 91 pages, plus une planche).

l'exercice rend plus remarquable, mais que la nature seule sait donner à un degré élevé, il était instantanément frappé, dans ses excursions, de l'aspect particulier des végétaux que son regard était peu habitué à rencontrer ; et, dans le cabinet, il élucidait les questions les plus litigieuses sur la détermination des espèces, avec une rectitude qui avait rendu proverbiales ses connaissances en ce genre. Il suffisait de dire que la plante avait été étiquetée par Timeroy, pour la faire admettre sans autre examen sous le nom qu'elle portait.

Ne soyons donc pas étonnés si tant de naturalistes distingués avaient cherché à nouer avec lui et à entretenir des relations plus ou moins suivies (1). Sa mémoire locale était prodigieuse. Quand il revoyait des lieux dans lesquels il n'avait pas passé, parfois depuis plus de dix ans : ici, disait-il, nous avons rencontré telle plante rare, et de suite son œil perspicace retrouvait la place où elle végétait.

Avec cet esprit d'observation qui lui était particulier, combien de notes utiles, combien de remarques critiques précieuses n'aurait-il pas fourni pour notre flore locale, si moins insouciant de la renommée, il avait demandé à la botanique autre chose que ces jouissances qui rendaient si délicieux les moments qu'il lui consacrait ! Pressé souvent par ses amis de confier au papier ses souvenirs si riches, il promettait

---

(1) On peut citer entre autres MM. Aghard, de Suède, le plus célèbre des algologues; Thuret (Gustave), l'un des micrographes les plus distingués ; Leveillé, de Paris, à qui il avait communiqué plusieurs espèces nouvelles, publiées par ce savant dans les Annales des sciences naturelles; Montaigne, de l'Institut; Duby et Reuter, de Genève : le premier, auteur du *Botanico-gallicum* : le second, collaborateur de Boissier et directeur du jardin botanique; Visiani, de Padoue, célèbre professeur, auteur de la *Flora dalmatica*, et d'autres ouvrages de botanique; Monnier, de la Lorraine, auquel on doit un travail monographique sur le genre *Hieracium* ; Guepin, des Vosges; Prost, de la Lozère; Demerson, du Jura ; Godron et Grenier, auteurs de la Flore française, etc., etc.

chaque année d'utiliser les longues soirées de l'hiver pour réaliser leur espérance, et chaque année l'abondance des matériaux nouveaux à classer et à étudier, absorbaient les moments consacrés à ses études chéries et faisaient ajourner ses promesses. Il a, sans aucun doute, emporté dans la tombe des secrets qu'il est regrettable de voir perdus.

Timeroy n'aura donc laissé dans le champ de la science que l'indice des découvertes faites par lui, et des traces plus ou moins remarquables qu'il aurait pu y imprimer. Mais ses vertus privées contribueront longtemps encore à perpétuer sa mémoire dans le souvenir de ses amis. Il nous semble encore le voir assistant à nos séances, auxquelles il était si régulièrement assidu. Sa taille était moyenne ; son tempérament sanguin ; sa figure ouverte et colorée ; son caractère franc et loyal ; son cœur droit et généreux. Il était d'une modestie pleine de candeur et d'une probité poussée jusqu'à la délicatesse la plus scrupuleuse (1).

---

(1) En voici un exemple entre beaucoup d'autres. L'auteur du Supplément à la Flore lyonnaise avait attribué à Timeroy la découverte d'une plante dont le mérite revenait à un autre, il crût devoir lui adresser la lettre suivante :

Monsieur,

« Le Supplément à la Flore lyonnaise renferme une erreur de nom propre, « contre laquelle il est de mon devoir de réclamer. On m'attribue la découverte de l'*Arenaria fasciculata*, c'est à tort : elle est due à un de nos « amateurs les plus zélés, M. Rollet, qui m'avait recommandé de la faire « figurer sur ma liste. J'avais eu soin de placer son nom sur l'étiquette de l'exemplaire que j'ai eu l'honneur de vous remettre ; il est fâcheux qu'on ne l'ait « pas remarqué.

« Ayez la bonté, monsieur, dans l'intérêt de la vérité, de prendre acte de « ma réclamation, pour y faire droit en temps et lieu ».

4 mars 1835.

« P.-S. M. Rollet aurait à revendiquer sa part dans les découvertes de « quelques autres espèces, attendu qu'il m'accompagnait lorsqu'elles ont été « trouvées. »

Cette vertu que tous ses actes semblaient rendre transparente, lui fit donner, par une maison de commerce de notre cité, une mission de haute confiance pour aller aux Etats-Unis régler des intérêts importants. Il s'embarqua le 6 janvier 1853. Le plaisir d'exécuter ce voyage qui avait pendant longtemps été l'objet de ses rêves, de pouvoir bientôt visiter ces terres lointaines, d'admirer leur flore dont il n'avait qu'une imparfaite idée, adoucirent pour lui les ennuis de la traversée. L'un de nos anciens concitoyens, fixé depuis longtemps à New-York, M. Guex (1), entomologiste plein de zèle, le mit en relation avec M. le célèbre professeur Torrey (2), et lui servit de guide, dans les excursions que lui permirent de faire, dans les environs, les moments laissés libres par le mandat dont il était chargé. Ils parcoururent ensemble les collines boisées qui bordent la rive droite de l'Hudson, et trouvèrent dans ces promenades, que des goûts sympathiques contribuaient à rendre plus agréables, ces plaisirs si purs et parfois si vifs, dont les naturalistes seuls peuvent comprendre toute la douceur.

Dans cette partie du nouveau monde, comme dans notre cité, l'affabilité de ses manières lui gagnèrent les cœurs des personnes en relation avec lui. Après quelques mois de séjour aux Etats-Unis, il quitta New-York, avec la certitude d'y laisser des amis.

Sa cordialité était si franchement exprimée sur sa figure, qu'on se sentait sans peine attiré à lui. Sa bonté et sa sensibilité étaient telles, qu'il ne pouvait voir souffrir aucun être animé; et l'idée d'être obligé de transpercer des insectes pour les conserver, l'avait éloigné de l'entomologie, pour laquelle il s'était autrefois senti quelque attrait. Il est inutile de dire combien sa compassion était grande pour les misères

(1) Mort à Philadelphie vers la fin de mars 1857.

(2) Auteur de la Flore de l'état de New-York, 2 vol. petit in-4°.

humaines. Les malheureux qui s'offraient à lui n'avaient pas besoin de faire un appel à sa charité, pour voir sa bourse venir à leur aide ; il prévenait leurs désirs, et le faisait souvent avec une générosité au dessus de la médiocrité de sa position. Que de larmes n'aurait-il pas séchées, si la fortune l'avait comblé de ses dons !

Quelque temps après son retour du nouveau monde, sa santé commença à donner quelques inquiétudes à ses amis ; elle se soutint cependant, chancelante encore, pendant environ deux ans. Malgré son état souffrant, ses pensées se portaient avec amour vers les Alpes qu'il avait autrefois parcourues avec tant de plaisir ; elles s'arrêtaient surtout sur ces riches prairies qui couvrent d'une mosaïque de fleurs les montagnes du Lautaret. Il voulut les revoir dans l'été de 1856, et respirer l'air vif et embaumé de ces hautes régions. Il partit de Lyon le 10 août ; mais ses forces ne purent répondre à ses désirs. Après un séjour à regret raccourci, il nous revint plus fatigué le 21.

A dater de cette époque, les craintes devinrent plus sérieuses et les souffrances plus vives. Son mal fut considéré d'abord comme un rhumatisme goutteux. L'extrait de colchique dont l'emploi lui fut ordonné, lui fit perdre les sens du goût et de l'odorat ; toutefois la perte du premier ne fut que passagère. Un autre médecin auquel on eut recours, constata une hydropisie du péricarde, contre laquelle échouèrent toutes les ressources de l'art. La religion, dans les bras de laquelle il s'était jeté avec confiance, lui donna cette résignation chrétienne et cette douce tranquillité d'âme, avec laquelle il parut s'endormir en passant du temps à l'éternité. Sa mort arriva le 13 novembre 1856.

RÈGLES

DE LA

NOMENCLATURE ENTOMOLOGIQUE [1]

(TRADUCTION DE L'ALLEMAND.)

Denominatio alterum Entomologiæ fundamentum.
FABRICIUS, Philos. entom. VII. § 1.

Dans les pages suivantes, je ne chercherai pas naturellement à découvrir ni à établir des règles nouvelles; je n'ai d'autre but que celui de formuler avec le plus de précision possible celles qui président à la nomenclature entomologique, telles que Linné, ce grand fondateur de la méthode en histoire naturelle, les a déjà établies, et de suivre en cela les indications rationnelles fournies par la nature des choses, règles sanctionnées par les auteurs qui font autorité en Entomologie. Il importe, en effet, de remédier à ce manque d'accord qui se fait remarquer dans les ouvrages sur cette science, et qui s'y fait sentir plus que partout ailleurs.

DE KIESENWETTER.

---

(1) En reproduisant en français les préceptes si sages exposés dans les pages qui suivent, nous avons cru être utile aux entomologistes peu familiarisés avec la langue allemande.

Les notes en petit nombre que nous avons ajoutées au travail original, sont renfermées entre parenthèses.

E. M.

§ 1.

La dénomination des insectes a pour but de désigner, d'une manière précise et invariable, les espèces, les genres ou autres groupes plus élevés de ces animaux, et de poser ainsi une base solide, aux connaissances ultérieures qui viendront s'ajouter à celles qu'on possède déjà sur cet objet.

§ 2.

La nomenclature entomologique consiste à fixer les lois d'après lesquelles on doit créer les noms scientifiques, et les imposer soit aux diverses espèces d'insectes, soit aux coupes génériques, en justifiant la valeur de ces noms et réglant leur application.

§ 3.

La dénomination des insectes se compose de deux noms : l'une générique ; l'autre spécifique (1).

Le premier, est un substantif : le second est un adjectif ou en remplit le rôle.

§ 4.

Le nom de genre doit donc être un substantif (2).

---

(1) Fabricius, Philos. entom. p. 102. § 3. *Insectum nomine generico et specifico instructum perfecte nominatum est.* Les noms des groupes plus élevés que ceux des genres, tels que tribus, familles, ordres, classes, ne servent pas à la désignation de l'espèce, mais à indiquer la place qu'elle occupe dans la disposition méthodique. Dans les règles qui vont suivre, on s'occupera donc uniquement de celles qui ont rapport à la nomenclature des genres et des espèces. Les mêmes principes doivent en général être appliqués aux dénominations des groupes plus élevés. Ainsi, ces dénominations doivent suivre les lois de la grammaire, et les principes de la nomenclature doivent l'emporter même sur celui de priorité.

Les noms des familles doivent être tirés d'un genre de cette famille, du principal si l'euphonie le permet, et on doit les former en ajoutant au nom générique la terminaison *ide* (en latin *idæ*).

(2) Exemples : *Scarabaeus, Carabus*, Linné.

§ 5.

Le nom spécifique est soit un adjectif pur (1), soit un substantif apposé au nom de genre (2), ou employé au génitif (3).

§ 6.

Les noms doivent être latins ou latinisés. Qu'ils soient tirés d'une autre langue ou sans signification, il faut, quant à leur désinence, les adapter au caractère de la langue latine (4).

On doit, dans ce cas, suivre les règles de cette langue et rectifier les noms qui pêchent contre elles (5).

---

(1) Exemples : *Carabus auratus*, Linné ; *Melolontha vulgaris*, Fabricius.

(2) Exemples : *Ptinus fur*, Linné ; *Scarabœus (Polyphylla) fullo*, Linné ; *Papilio machaon*, Linné.

(3) *Dytiscus (Cybister) Rœselii*, Fabricius ; *Dorcadion Spinolæ*, Schonherr ; *Carabus Chamissonis*, Eschscholtz.

(4) Le *Scarabé noir à cornes dentelées* de Frisch, le Scarabé l'*Écailleux violet* de Geoffroy, et tout récemment le *Calodera mech* de M. Truqui, et l'*Amphionycha knownothing* de M. Thompson, etc , ne répondent pas à cette loi fondamentale de la nomenclature linnéenne, et ne peuvent, par conséquent, avoir aucune valeur scientifique.

(5) Il est irrationnel et peu scientifique de se servir d'une langue sans se croire obligé d'en suivre les règles. Il faut avoir des scrupules exagérés pour conserver religieusement et considérer comme immutables des noms désignés par des fautes d'orthographe ou de typographie ; il est encore bien plus répréhensible de ne pas corriger ces mêmes noms rendus fautifs par l'ignorance dans laquelle l'auteur se trouvait de l'alphabet grec ou des premières règles de la grammaire latine. Il n'est pas besoin de beaucoup d'intelligence pour changer *Carabus pulcherissima* en *C. pulcherrimus*, et laisser ainsi la langue reprendre ses droits. Jusques à quand sera-t-il donc permis de pécher contre les règles, puisqu'on ne peut pas complètement abandonner la grammaire ?

Cette sorte de dévergondage scientifique offre dans la pratique divers inconvénients. Ainsi, M. V. de Motschoulsky, dans ses diverses publications, écrit le mot *Hypocoprus* dérivé, selon lui, de ὑπὸ et de κόπρος, tantôt *Uprocoprus* tantôt *Upocoprus*, tout en disant qu'il se tient à cette orthographe, et enfin dernièrement *Hypocoprus*, qui est la véritable manière de l'écrire.

Il ne faut cependant pas pousser trop loin les scrupules sous ce rapport : un nom susceptible d'être justifié de quelque manière, doit être conservé.

§ 7.

Les noms génériques doivent être d'un seul mot, quoique celui-ci puisse parfois être composé de plusieurs (1).

Fabricius, dans sa Philosophie entomologique, et M. Burmeister, dans son Manuel d'Entomologie, t. I, ont établi, pour la formation des noms grecs et latins, un certain nombre de règles qu'il serait inutile de répéter ici, et qui sont d'ailleurs en dehors des bornes de ce travail ; il suffira de dire qu'elles sont celles des grammaires grecque et latine. Toutefois, il est bon d'observer ici que Fabricius (Phil. ent. VII *nomina* § 31) a rendu l'ου grec par *y* au lieu de l'*u* latin. Il est également inexact de soutenir, à l'exemple de M. Burmeister (Handb. t. I. p. 689. sub. 3) que dans les noms génériques formés de plusieurs mots grecs, on doit mettre le dernier celui qui exprime l'idée principale. L'ancienne langue grecque a, par exemple, des mots comme φιλογύνης et γυναικεραστής, dont le sens est le même, et la nomenclature entomologique moderne a de même admis les noms génériques *Onthophilus* et *Philonthus*. M. Burmeister corrige d'une manière tout-à-fait inutile les noms très-bien formés de *Myrmeleon*, Linné, et de *Melasoma*, Latreille, en leur substituant ceux de *Mymecoleon* et de *Melanosoma*. M. Agassiz a le même tort, en changeant le mot très-euphonique de *Bembidium*, en celui de *Bembicidium* ; de telles corrections indiquent, dans les auteurs, une connaissance insuffisante de la langue et de ses règles.

Avant d'opérer une rectification, il faut se livrer à l'examen le plus réfléchi, afin de ne pas faire des fautes, au lieu d'opérer des corrections, ou de ne pas blesser inutilement le principe le plus important de la nomenclature, celui de la stabilité des noms.

(1) Ceux, par exemple, de *Musca triphilis*, de *Leo aphis*, etc., composés de deux ou de plusieurs mots séparés doivent donc être changés. (Voy. Fabricius Philos. entom. VII. *nomina*, § 15 et 16).

Des noms composés, comme celui de *Necrophorus*, Fabricius, (formé de νεκρὸς et de φερὸς, qui porte) sont réguliers. On doit ici recommander l'emploi de la langue grecque : la latine n'offrant pas les mêmes avantages (Fabricius, Philos. entom. VII, § 17). Les autres langues anciennes telles que l'hébreu, le chinois, le sanscrit, etc., doivent être rejetées.

§ 8.

Les noms spécifiques doivent être d'un seul mot (1) ou, au plus, de deux mots réunis ou séparés par un trait d'union (2).

(1) Exemple : *Carabus auratus*, LINNÉ.

(2) *Vanessa c-album*, LINNÉ.

Toutefois ces mots composés ne doivent pas offrir des idées d'un ordre très-différent. Ainsi les épithètes comme celles de *punctato-auratus* devraient être inadmissibles, tandis qu'on dit très-bien *punctato-striatus* servant à exprimer un caractère particulier.

Les noms spécifiques formés de deux mots doivent être complets et séparés ; ceux d'un plus grand nombre de mots doivent être exclus et changés. Il serait même bon d'éviter l'emploi de deux mots unis ou liés pour la dénomination des espèces.

Dans la réunion entomologique tenue à Dresde le 23 mai 1858, on a sanctionné l'adoption de ce principe, qu'à l'avenir tout nouveau nom spécifique non tiré de la langue latine ou non latinisé devra être abandonné. Par conséquent les noms propres à terminaison latine et les noms grecs régulièrement latinisés ne sont pas sujets à cette exclusion ; mais les noms spécifiques sans signification seront regardés comme inadmissibles, quoiqu'ils aient une désinence latine.

Il serait certainement à désirer que les Entomologistes voulussent se borner aux principales langues usitées dans le monde savant, savoir : le latin, le français, l'allemand, l'anglais et même l'italien ; cependant malgré les inconvénients qu'offrent, pour les neuf dixièmes des lecteurs, les publications faites en d'autres langues, telles que le suédois ou le danois, il faut en prendre son parti, car il a paru dans ces langues des travaux du plus haut intérêt et l'usage fait force de loi en leur faveur.

Des publications faites en toute autre langue n'ayant pas une origine romane ou germanique, ne doivent pas être prises en considération. Des ouvrages tels que celui de M. Friwaldsky, écrit en magyare, susceptible d'être compris seulement par l'auteur et par deux ou trois autres entomologistes, ne sont pas à proprement parler une publication. On doit dans ce cas savoir beaucoup de gré aux Entomologistes russes de ne pas offrir aux savants de l'Europe occidentale des travaux dans leur idiôme national, et de se servir, dans l'intérêt de la science et de leurs propres travaux, des langues connues de tout le monde lettré.

Une figure très-reconnaissable, accompagnée d'une diagnose latine, peut toujours servir à justifier la description qui l'accompagne, quoique celle-ci soit écrite dans une des langues que nous venons d'exclure.

§ 9.

La nomenclature entomologique a pour objet la dénomination des espèces et des genres d'insectes, d'après l'ordre que la science cherche à établir, en suivant la nature.

§ 10.

En imposant un nom à une espèce ou à un genre, et en l'introduisant ainsi dans la science, on ne doit pas simplement avoir pour but de le publier, pour en pouvoir revendiquer la propriété, mais surtout de faire reconnaître l'objet auquel il se rapporte.

§ 11.

La publication doit avoir lieu :

1° Dans une langue d'origine romane ou germanique (1).

2° Dans un ouvrage scientifique en circulation dans le commerce, ou dans un recueil scientifique paraissant périodiquement (2).

---

(1) La réunion des Entomologistes rassemblés à Dresde, le 23 mai 1858, exige en outre l'emploi d'une diagnose latine.

(*Observation.* Il serait sans doute à désirer que chaque description d'espèce fût précédée d'une diagnose latine ; mais alors il faudrait aussi établir en latin les caractères de la famille et du genre, sans quoi le travail serait incomplet. Feu le Dr Schmidt n'a pas moins fait une excellente révision des Aphodies qui se trouvent en Allemagne, quoique les diagnoses ne soient pas en latin, et son travail étant destiné à des Allemands doit être d'autant plus utile, qu'il peut être compris de ceux qui ignorent le latin).

(2) On ne doit donc pas regarder comme publication :

1° Les noms traditionnels, manuscrits ou de collection.

2o La lecture d'une description faite dans une société savante, quelle qu'elle soit, car ce travail, tant qu'il n'est pas imprimé, n'est pas dans le domaine public, mais seulement présenté à un corps savant.

3o Les descriptions ou figures distribuées à quelques entomologistes, et qui ne peuvent être considérées que comme manuscrites.

4o Enfin les travaux imprimés dans des ouvrages ou des journaux complé-

§ 12.

L'objet doit être rendu reconnaissable à l'aide d'une diagnose, d'une description ou d'une figure capable de la faire reconnaître (1).

---

tement étrangers à la science, telles que feuilles politiques, littéraires ou facétieuses, dans lesquelles on ne peut être tenu de les chercher.

Quant à l'acception du mot *publication scientifique*, on doit en étendre aussi loin que possible l'interprétation.

(1) De là l'usage adopté aujourd'hui par tout le monde, et d'ailleurs complètement justifié, d'ajouter à la dénomination du genre ou à celle de l'espèce, au lieu du nom de celui qui le premier a nommé l'objet, sans le faire reconnaître, celui du savant qui le premier en a donné la description, et et l'a introduit par là dans le domaine de la science.

Il est illogique, inconséquent et peu pratique, d'attacher une grande importance à des noms publiés avec des données fausses, incomplètes, superficielles et sans valeur, tels que des simples noms de catalogues ou de collections

C'est illogique, car le but principal d'une description scientifique est de rendre reconnaissable aux autres entomologistes l'objet en question. De simples indications ou figures d'après lesquelles il est impossible d'avoir l'idée de l'objet (1) ne sont, par la nature même des choses, ni des descriptions, ni des diagnoses, ni des figures, quoique l'auteur les donne pour telles.

C'est inconséquent, car le partisan le plus prononcé du principe absolu de priorité, doit arriver à un point où il lui est impossible de faire valoir les droits d'une description qui n'en est réellement pas une, quand celle-ci, par exemple, est en contradiction directe avec la nature de l'objet qu'on a voulu faire connaître ; lorsqu'elle est à contre sens, ou qu'elle choque d'une manière trop grossière les caractères de l'ordre ou du genre. Quelqu'un oserait-il chercher à justifier la description de l'*Haltica* de Grimmer, dont les sauts faibles ont une direction latérale, *parce que l'insecte n'a qu'une patte propre au saut* ? prendra t-il la défense de la *Campisura xanthorhina*, de Hope « *lutea*, *elytris lineis lateralibus tribus* » (l'auteur parle des côtés et de la suture)? du genre de Lépidoptères *Narcyus*, établi par Stephens, et placé par cet entomologiste parmi les Névroptères? de la *Coccinella virescens* de Hope « *supra viridi-brunnea, subtus rubro-testacea.* » (qui est une Chrysomèle)?

C'est enfin peu pratique, car les essais tentés pour interpréter de semblables descriptions conduisent nécessairement à des erreurs, à des incertitudes, à

(1) Voyez, Gazette entom de Stettin, 1858, p. 171. 12, et la remarque qui s'y trouve sur la description et la figure données par Pressler du *Claviger testaceus*, ou sur la *Lagria nigricollis* de Hope.

§ 13.

Un nom formé suivant les règles et convenablement intro-

---

des oscillations dans la nomenclature, attendu qu'on est forcé de remplir la méthode et les catalogues d'un déluge de noms que personne ne peut signaler, pas même celui qui les a imposés. On semblerait encourager de cette manière, des écrivains peu consciencieux à faire des publications inacceptables par leur légèreté ou leur nullité. Fabricius dit, dans sa Philosophie entomologique, chap. VII, § 2. *Nomina vera insectis imponere Entomologis genuinis tantum in potestate est.* Ce qui signifie dans l'acception du sens : celui-là seul est autorisé à donner des noms aux insectes, qui est en état de les décrire d'une manière reconnaissable.

Toute diagnose, description ou figure, a pour elle, en cas de doute, la présomption qu'elle rend l'objet reconnaissable.

De telles descriptions doivent également garder leur droit de priorité, quoique celui qui a coutoume d'en réclamer le secours dans ses études entomologiques, y trouve plus de désavantage que d'avantage pour la science. La nature même des choses ne justifie pas complètement les exceptions proposées par la Gaz. entom. de Stettin (1858, p. 172-13), contre le droit de priorité que peuvent avoir de semblables descriptions : ces exceptions ne pourraient conduire qu'à l'arbitraire et à des complications.

Avant tout, il faudra partir de ce principe, qu'il faut juger les descriptions des anciens entomologistes, particulièrement celles de Linné, ce législateur de l'Histoire Naturelle, et celles de Fabricius, ce savant qui a tenu pendant longtemps le sceptre de l'Entomologie dans le siècle dernier, il faut les juger suivant l'état dans lequel la science se trouvait à cette époque, et s'efforcer de conserver les dénominations linnéennes, toutes les fois qu'avec le secours des collections ou par tout autre moyen on peut arriver à reconnaître les espèces, en petit nombre, décrites dans les ouvrages de ce père de la science, et qui nous sont encore inconnues.

(*Obser.* L'immortel suédois seul, doit jouir du privilége précité ; Fabricius a trop souvent changé sciemment les noms imposés avant lui par d'autres entomologistes pour qu'on puisse admettre la même exception en sa faveur.)

Contrairement à l'opinion de beaucoup d'entomologistes de nos jours, on ne peut admettre aucun droit de priorité pour une description qui ne peut être interprétée qu'à l'aide d'exemplaires, à tort ou à raison, prétendus typiques. (Voyez Schiner : Sur la valeur des exemplaires prétendus typiques, dans le Monatsschrift entom. de Vienne, 1858, p. 5). Pour les anciens entomologiques, on doit laisser de côté les noms des espèces sur lesquels on n'a pas des données certaines.

Il est impossible, comme M. Lacordaire l'a très-bien prouvé, dans la Revue duit dans la science doit rester à l'objet auquel il a été imposé (1).

§ 14.

Quand plusieurs noms également convenables ont été introduits dans la science pour désigner le même objet, le plus ancien doit avoir plus d'autorité et être préféré (2),

---

entomologique de M. Silbermann (t. 4, p. 229) d'obtenir dans la nomenclature entomologique une exactitude mathématique. Les opinions judicieuses de quelques entomologistes particuliers ne doivent pas être complètement exclues, non plus que la possibilité d'opinions contradictoires dans certain cas; il faut ici rappeler le principe que l'opinion de l'auteur d'un ouvrage monographique ou important, doit être adoptée (le monographe fait loi).

Il est inutile de faire observer que le devoir de tout écrivain entomologique est de se servir, autant que possible, des noms de genres et d'espèces dont il trouve les descriptions; car il s'agit moins de faire adopter la nouvelle dénomination qu'il vient de créer, que d'éviter l'introduction de nouveaux noms et l'augmentation des synonymes. Lorsque, par exemple, M. Boisduval, dans le Voyage de l'Astrolabe, indique l'*Hister australis* avec cette diagnose tout à-fait insuffisante : *niger*, *cyaneus*, *nitidus*, *subtus ater*, c'est à peu près comme s'il n'en donnait aucune description. M. de Marseul, qui a vraisemblablement pu avoir sous les yeux le type de cet insecte, aurait pu le considérer comme décrit et le reproduire sous le nom de *Saprinus australis*, mais il ne l'a pas fait, et l'on doit toutefois préférer le nom de *Saprinus tasmaricus*, qu'il lui a imposé, non qu'il soit en réalité le plus ancien, mais parce qu'il est le premier ayant une valeur réelle. L'*Hister australis* de M. Boisduval n'a, par rapport à lui, d'autre droit qu'un nom de collection.

(1) Il n'est permis d'éliminer de tels noms que dans les cas mentionnés dans les paragraphes suivants. Ainsi, on ne les doit pas changer par le motif qu'ils semblent moins justes ou moins euphoniques, ou par d'autres plus secondaires (par exemple dans le but d'honorer certaines personnes).

Ainsi Schranck substitue à tort l'épithète de *fulminans* à celle donnée par Panzer au *Buprestis candens*, parce qu'il trouve la première préférable. (Voy. fauna boica t. 1. 2. p. 604. nº 796).

(*Obs.* Seraient aussi peu admissibles les changements qu'on voudrait introduire dans les finales des noms, devenues en usage dans la Lépidoptérologie).

(2) L'on ne fait avec raison dater le droit de priorité qu'à partir de Linné, car il a fondé toute la nomenclature actuelle, et avant lui il n'y avait pas de nom scientifique à proprement parler, du moins dans le sens que nous y attachons aujourd'hui.

à moins que ce nom spécifique n'ait déjà été consacré dans la science à une autre espèce [1] du même genre, ou

Les noms linnéens doivent donc être maintenus ou rétablis partout. Mais il serait arbitraire d'établir la même loi pour la nomenclature de Fabricius. Malgré tout le cas que méritent les ouvrages de ce dernier, on ne saurait suspendre ou abroger en leur faveur le droit de priorité. Le célèbre entomologiste de Kiel a longtemps joui d'une semblable autorité, et dernièrement dans la Gazette entomologique de Stettin, 1858, p. 169, 10. on recommande l'adoption de ce principe. Cependant Fabricius n'étant pas très-scrupuleux sur les noms qu'il donnait, et souvent, même dans son ouvrage sur les coléoptères, qui cependant est classique, il a appliqué des noms à diverses espèces, quoiqu'il sût très-bien que d'autres entomologistes leur avaient régulièrement imposé d'autres dénominations.

[1] Ainsi, par exemple l'*Elater castaneus* de SCOPOLI (Entom carniol. p. 93. 286) se trouvant en collision avec l'*Elater castaneus* de LINNÉ, qui est plus ancien, ne saurait être conservé, et doit céder sa place à l'*Elater aulicus* de PANZER, quoique ce dernier soit plus récent, parce qu'il n'offre pas le même embarras. M. Reiche nous semble ainsi avoir changé à tort le nom d'*Hybosorus* (*Scarabaeus*) *arator*, d'Illiger, en celui d'*Hybosorus Illigeri*. Le *Scarab. arator*, FABRICIUS, et le *Scarab. arator*, ILLIGER, sont deux espèces différentes, comme l'a démontré M. Burmeister. Tant qu'elles firent partie toutes deux du genre *Scarabaeus*, elles étaient en collision, et le nom d'Illiger aurait dû être changé ; mais l'établissement du genre *Heteronychus* ayant pour type l'insecte décrit par Fabricius, a fait cesser toute équivoque, et dès lors il n'y avait plus de motif pour changer le nom d'*arator*, donné par Illiger, et admis par tous les entomologistes, à l'insecte qui compose seul aujourd'hui le genre *Hybosorus*.

M. Fairmaire a décrit, dans les Annales de la société entomologique de France, un *Tachinus pictus*, qui ne pouvait être admis, attendu que Erichson avait donné le même adjectif *pictus* à une espèce du même genre. Aussi, le *T. pictus* de l'entomologiste parisien a-t-il été transformé avec raison par M. Lespés, en *Tachinus Fairmairei*, et un peu plus tard, par M. Truqui, en *Tachinus luctuosus*. De ces trois derniers noms spécifiques, celui de *Fairmairei* est le plus ancien et aurait dû rester, si plus récemment on n'avait pas reconnu que cet insecte rentre dans le genre *Leucoparyphus* qui mérite d'être distrait du genre *Tachinus*.

(*Observation*. Peut-être serait-il plus convenable de n'avoir pas, dans des genres voisins ou rentrant dans le même groupe, des noms spécifiques semblables.)

S'il est impossible, entre des noms identiques, donnés à deux espèces différentes, de découvrir celui qui a été imposé le premier, il faut en appliquer de à une autre coupe générique, dans le domaine de la zoologie (¹).

§ 15.

S'il est tout-à-fait impossible d'établir, entre plusieurs noms celui qui est le plus ancien, on a la liberté de choisir celui qui est le mieux approprié à l'objet (²).

§ 16.

Un nom, une fois choisi et introduit dans la science, se trouve justifié par là même, et ne peut plus être changé.

§ 17.

Si une espèce est démembrée, si un genre est divisé en plusieurs autres, le nom qui leur était commun jusqu'alors doit demeurer à la partie intégrante de l'espèce ou du genre contenant les formes typiques.

---

nouveaux à ces espèces. Ce cas est très-rare ; cependant M. Forster, dans ses *matériaux pour la monographie des Pteromalines, Beitraegen zur Monographie der Pteromalinen*), a décrit en même temps deux espèces différentes sous le nom de *Pteromalus bicolor* (p. 17 nº 77 et p. 24 nº 174). Ces deux noms s'annulent réciproquement.

(¹) La tendance actuelle à spécialiser, ne permet pas de craindre que des noms semblables appliqués à des branches diverses des sciences naturelles, viennent à empiéter dans leur domaine réciproque. Il est difficile ou délicat à cet égard de pousser trop loin les conséquences, et d'admettre les règles établies par Fabricius, dans sa Philosophie entomologique chap. VII. § 31, (*Nomina generica Insectorum cum Botanicorum, Zoologicorum, Lithologorum aut Medicorum nomenclaturis communia, si ab Entomologis postea assumta, ad ipsos remittenda*), règles qui n'ont jamais obtenu beaucoup de valeur.

(²) La plus ou moins grande importance de l'ouvrage dans lequel ce nom a été publié doit être prise en considération.

Cette circonstance se reproduit assez souvent, lorsqu'on trouve dans le même ouvrage des espèces dont les variétés, ou dont les deux sexes sont considérés comme étant des espèces particulières et décrites comme telles. Dans ce cas, un nom publié vers le commencement d'un ouvrage doit-il avoir la priorité sur celui qui ne le serait que vers la fin du même travail, ainsi que le veut M. Wesmael (Ichneum. plat. Europ. descr. et adnot. nov. 8. note). Une telle règle semble peu admissible, attendu que ce qui fait loi, c'est la date de la publication ; or, ici, elle est la même pour tout l'ouvrage.

§ 18.

On doit regarder comme formes typiques :

D'abord, celles qui ont été désignées comme telles par le fondateur ; puis, celles qui offrent de la manière la plus marquée les caractères indiqués par l'auteur.

Ensuite celles les plus remarquables, celles qui se rencontrent le plus ordinairement.

Et enfin, lorsqu'il ne se présente aucun cas précédent, celles qui se rapportent à l'espèce ou au genre décrit le premier.

§ 19.

Si plusieurs espèces ou genres prétendus, après avoir été démembrés, se trouvent réunis de nouveau en une seule espèce ou en un seul genre, il faudra conserver le nom de l'espèce ou du genre typique.

RÈGLES

CONVENABLES A SUIVRE POUR L'IMPOSITION DES NOUVEAUX NOMS.

Si l'on doit procéder avec la plus grande circonspection lorsqu'il s'agit de juger de la valeur des noms déjà donnés, et, dans le doute, conserver celui qui existe, l'écrivain qui est dans le cas de nommer des objets nouveaux doit se faire un devoir d'éviter scrupuleusement tout ce qui pourrait servir de prétexte à la mutation du nom qu'il aurait imposé, ou causer divers inconvénients ou embarras.

§ 1.

Un nom déjà appliqué à un genre ou à une espèce, sans avoir été introduit dans la science d'une manière très-convenable, doit néanmoins être conservé à moins que des motifs puissants ne s'y opposent (1).

(1) Dans ce cas, les noms accompagnés d'une description incomplète ou

§ 2.

Les nouveaux noms à imposer n'exprimeront pas une idée contraire à la nature de l'objet qu'on a en vue de faire connaître (1).

§ 3.

Les noms doivent, autant que possible, être caractéristiques, c'est-à-dire exprimer une qualité saillante de l'objet désigné (2).

§ 4.

Il faut éviter les noms trop longs, trop difficiles à prononcer, ou mal sonnants (3). Les noms génériques ou spécifiques ne doivent donc pas avoir plus de quatre ou cinq syllabes, ni être composés de plus de deux mots (4).

---

d'une figure peu reconnaissable, et les noms de catalogues seront choisis de préférence aux simples noms manuscrits ou de collections.

(1) Ainsi, il serait inconvenant d'appliquer l'épithète de *gigas* à un animal remarquable par sa petitesse.

(2) On ne peut être de l'avis de Fabricius, quand il dit dans la préface de son Systema Eleutheratorum p. VIII. *Optima sunt nomina, quæ omnino nihil significant.*

Des noms comparatifs tels que *Lucanus tenebrioides*, LINNÉ, en même temps qu'ils sont caractéristiques, sont constants et réguliers, ne sauraient paraître désagréables et mériter d'être rejetés suivant l'opinion de Fabricius (Philos. entom. chap. VII, § 36). Il ne faut pas non plus exclure, comme le veut le même savant (Philos. entom. VII, § 37), les noms spécifiques que lui-même a conservés, tels que ceux de *major*, *minima*, *vulgatissima*, etc. parce qu'ils expriment des qualités saillantes, et qu'ils ont généralement le sens de *assez grand*, *très-petit*, *très-fréquent*, etc.

Les noms carastéristiques servent à faire reconnaître l'objet qu'on veut désigner et se gravent facilement dans la mémoire. La nomenclature de Linné, à très-peu d'exceptions près, est toujours extrêmement heureuse, souvent ingénieuse.

Les noms sans signification que M. Walker a l'habitude de donner aux espèces, sont non-seulement une calamité pour la science, mais une preuve de la pauvreté d'esprit de leur inventeur. Fabricius a dit (Philos. entom. VII. § 2); *Nomina absurdis insectis plurimis ab idiotis imposita sunt.*

(3) Exemple, ce nom de Voet.: *parimariobus-maculosus.*

(4) Exemple: *pentaplatarthrus*, formé de πεντα, πλατυς, αρθρος, est trop long, composé de trop de mots et mal sonnant. Il faut éviter de pareilles dénominations.

§ 5.

Tous les noms doivent non-seulement être formés d'une manière correcte, mais encore suivre les règles du latin et du grec [1]. On doit éviter les noms composés tirés de diverses langues.

§ 6.

Les noms destinés à honorer les personnes, ne sauraient être prodigués, et n'être donnés qu'aux personnes ayant rendu des services signalés à la science [2].

§ 7.

Il faut éviter les noms ayant quelque ressemblance avec d'autres noms déjà donnés, malgré les différences plus ou moins faibles qui peuvent exister entre eux.

§ 7.

Il ne faut pas employer des noms spécifiques donnés dans les genres voisins, ou des noms génériques qui déjà se trouvent introduits dans le domaine de la science.

---

[1] Lorsqu'on emploie des noms propres, l'usage généralement adopté est de laisser intacte la racine du nom; mais il faut du moins en latinisant ce dernier par une finale latine, suivre pour la formation du génitif les règles de la langue latine. Ainsi Schœnherr a écrit avec raison *Dorcadion Spinolæ* et *Ceutorrhynchus Companyonis*, en voulant rendre en latin les noms de *Spinola* et de *Companyon*.

[2] Fabricius a dit, à propos de ces noms (Philos. entom. VII. § 41.) : *Hoc unicum et summum laboris præmium* caste *dispensandum ad imitamentum et ornamentum Entomologiæ.*

Les Entomologistes Russes et Français ont souvent péché contre ce précepte et malheureusement ils ont encombré la méthode, d'une foule de noms étrangers ou à peu près à la science.

Mlle Foudras Pinx. F. Lépagnez Lith.

ANTOINE - CASIMIR - MARGUERITE - EUGÈNE FOUDRAS,

NATURALISTE

Né à Lyon le 19 novembre 1781,
Mort dans la même ville le 13 avril 1859.

Imp. et Lith. Th. Lépagnez, Lyon.

NOTICE

SUR

ANTOINE-CASIMIR-MARGUERITE-EUGÈNE

FOUDRAS,

PAR

E. MULSANT.

(Lue à la Société Linnéenne de Lyon, le 8 août 1859.)

Messieurs,

Il y a quelques mois, j'essayais de vous redire la vie si simple, si modeste et pourtant si pleine de mérites, de l'un de nos botanistes les plus distingués (1); j'ai à vous entretenir aujourd'hui d'un naturaliste qui, dans un temps déjà éloigné, fut un des membres les plus actifs de cette compagnie, et dont le nom ne cessera de rappeler l'une des plus belles renommées scientifiques de cette cité.

Antoine-Casimir-Marguerite-Eugène Foudras, naquit à Lyon le 19 novembre 1783. Il était le dernier de trois enfants issus du mariage de Sébastien Foudras, originaire de Bessans en Savoie, et de Marguerite Madinier, d'une maison honorable de nos environs.

Après le siége soutenu par notre ville en 1793, le chef de cette famille, pour échapper à la prison ou à l'échafaud, fut obligé de se retirer, avec les siens, à Orliénas, dans une propriété d'assez faible valeur, seul débris de sa fortune. Par droit

(1) Marc-Antoine Timeroy.

de jeunesse, Casimir fut établi le gardien du petit troupeau attaché à l'immeuble. Obligé, en qualité de berger, de passer dans les champs une grande partie de la journée, les beautés que la nature déploie au printemps, les fleurs dont elle émaille les prés, les papillons qui viennent en folâtrant butiner dans leurs corolles, ne tardèrent pas à impressionner son imagination et à l'attacher aux merveilles qu'il avait sous les yeux. Il ne fallait qu'une circonstance pour transformer cet amour naissant en véritable passion : cette circonstance s'offrit bientôt.

La femme du maître-valet conduisit un jour le jeune Casimir au château d'Orliénas ; et comme il était joli enfant, elle le présenta à la Dame du manoir, qui le combla de caresses et le fit entrer dans sa chambre, où se trouvaient exposés divers cadres remplis de papillons préparés et disposés avec goût. Il ne se serait jamais figuré que ces êtres aériens qu'il poursuivait dans les champs, pouvaient, avec le secours d'une main habile, offrir un coup-d'œil si ravissant. Cette vue produisit sur son esprit un effet électrique : elle venait de faire naître en lui un de ces goûts ardents sur lequel le temps devait être sans pouvoir. De retour à la maison, il ne voyait plus que papillons, et ne se livrait à d'autres rêves qu'au désir de leur faire la chasse.

Ses parents furent bientôt agités, à son sujet, d'une cruelle préoccupation ; ils faillirent le perdre des atteintes de la petite vérole. Des soins empressés et l'heureuse action de la nature le sauvèrent.

L'enfant grandissait, et le besoin se faisait sentir de songer à son instruction. Les circonstances toutefois étaient encore telles, qu'il était difficile à son père de rentrer à Lyon avec sécurité. On confia le jeune Casimir à sa sœur aînée, mariée, quelque temps avant la révolution, à M. Paillasson, qui a laissé un nom honoré, dans le commerce de cette ville. Dès-lors, il suivit les cours de l'école centrale, où il fit de très-bonnes études, à en juger par les couronnes qu'il y obtenait chaque année.

Aussitôt que le calme fut rétabli, Sébastien Foudras préoccupé de l'avenir de ses enfants, prit à Lyon, en dehors des portes Saint-Clair, un logement modeste, dans lequel le jeune Casimir eut une petite pièce adossée à la colline. C'est là qu'était placée sa collection naissante, dans des boîtes confectionnées par lui-même. Malheureusement l'humidité du lieu couvrait souvent de moisissure des objets auxquels il attachait beaucoup de prix, et l'obligeait à des courses et à des recherches nouvelles, pour remplacer ses trésors détériorés. Mais ni ces peines sans cesse renaissantes, ni l'ennui manifesté par son père de lui voir perdre du temps à des occupations qu'il considérait comme futiles, ne furent capables de le faire renoncer à ses goûts.

Un jour, dans son modeste cabinet, il eut l'honneur de recevoir la visite de Charles de Villers, qui s'était fait un certain nom, en reproduisant la partie entomologique des œuvres de Linné, et en y ajoutant, d'une manière moins indigeste que Gmelin, les découvertes nouvelles dont la science s'était enrichie. Il était venu sans doute, par pure complaisance, visiter le débutant; il ne s'attendait pas au plaisir qui lui était réservé : il trouva dans les cartons de celui-ci deux insectes d'espèce rare, qu'il n'avait pu se procurer ; le jeune Casimir fut heureux et fier de les lui céder. Depuis cette époque il s'établit entre eux des relations qui ne pouvaient manquer d'être utiles à l'entomologiste novice : toutefois de Villers mettait une certaine réserve dans ses conseils et dans ses indications.

Le moment était venu de choisir une carrière au jeune Foudras ; son père le plaça chez un homme d'affaires, d'où il passa successivement dans l'étude de Me Ailloud, puis dans celle de Me Verdun, avoué d'appel, comme le précédent. En entrant dans celle-ci, il y occupa d'abord le dernier rang ;

mais il franchit rapidement tous les degrés intermédiaires, et fut bientôt installé premier clerc. Quand il quitta ce poste, il était licencié en droit, et inscrit au tableau des avocats.

Il débuta au Barreau dans une cause que lui avait confiée son patron. Cet essai le mit à même de comparer, entre les professions d'avoué et d'avocat, celle qui convenait le mieux à ses talents et à ses goûts; il donna la préférence à la procédure. Le difficile était, avec son défaut de fortune, de devenir possesseur d'une étude; le hasard le servit; il s'en présenta bientôt une à vendre; elle était réduite à un simple titre, n'ayant qu'une seule affaire attachée au cabinet; il l'obtint à bas prix. Il comptait sur son zèle, sa probité et son savoir, pour l'élever à un rang honorable; il ne se trompait pas. Il fut nommé avoué de première instance, au moment où il atteignait ses vingt-cinq ans, âge exigé pour remplir de semblables fonctions.

Ni les devoirs et les chaînes que lui imposait sa nouvelle position sociale, ni le désir ou le besoin de se créer une fortune dont les malheurs des temps avaient dépouillé sa famille, ne purent le rendre ingrat envers l'histoire naturelle, à laquelle il devait déjà tant de jouissances. Sans cesser de donner son activité et ses soins à son étude et aux intérêts de ses clients, il savait trouver du temps pour ses occupations favorites.

Les dimanches, au moins en grande partie, était consacrés aux chasses, et les heures matinales des autres jours de la semaine étaient employées à étudier, à classer, les objets recueillis, à faire la toilette aux insectes, c'est-à-dire à étendre les pattes ou les ailes, suivant les ordres auxquels ils appartenaient. Les vacances lui offraient ensuite des loisirs plus nombreux pour se livrer à ses goûts passionnés.

Les soins minutieux qu'il apportait à conserver, aux êtres

qu'il collectait, toutes les apparences de la vie, lui firent bientôt imaginer divers procédés ingénieux. C'est lui qui, le premier, eut l'idée, pour piquer les petites espèces, d'employer des fils de fer très-fins, obliquement coupés à l'une des extrémités. Ces sortes de *coupilles* étaient d'abord assez courtes, et fixées sur de petits morceaux de liége revêtus de papier blanc; plus tard, il perfectionna ce mode, en donnant aux fils métalliques plus de longueur, et en employant la moelle de sureau au lieu de liége. Il eût fallu voir quel coup-d'œil agréable présentait une brochée d'insectes lilliputiens, alignés à une même hauteur, sur chaque tronçon de moelle coupé quadrangulairement, à l'instar d'un fragment de règle carrée. Chacune de ces portions médullaires était fixée au liége de ses cadres, à l'aide d'une ou de deux épingles. Cette méthode présente les avantages, en enlevant à la fois toute la brochée, d'avoir sous les yeux un certain nombre d'objets à examiner et à comparer; de laisser toutes les parties de l'insecte visibles et faciles à étudier, avantages que n'offre pas l'emploi de la colle, qui englue les pattes, les antennes ou diverses autres parties du corps.

C'est à Foudras qu'on doit encore l'art de conserver aux Libellules toute la fraîcheur et la beauté de leur robe, en enlevant les parties fluides ou muqueuses de l'intérieur. Pour cela, on sépare du thorax la partie postérieure du corps, qu'on recolle ensuite avec soin, quand l'opération du nettoiement est terminée. Celle-ci s'exécute, pour l'abdomen, à l'aide d'un morceau de papier enroulé et promené délicatement dans l'intérieur, et, pour la cavité thoracique, à l'aide d'un instrument analogue à un cure-oreille. Pour rendre aux teintes de l'abdomen leur vivacité, pour soutenir cette partie et lui empêcher de se détacher facilement, on introduit dans son sein, avant de la recoller, un rouleau de papier engagé dans la poitrine, et de la couleur principale du fond du corps.

Foudras, qui se bornait à chercher dans l'étude des productions de la Nature les jouissances si agréables dont elle est la source, cultivait en même temps la Botanique et l'Entomologie, et recueillait avec le même empressement les insectes de tous les ordres et les plantes de toutes les familles. En étendant ainsi le cercle de ses recherches, il avait trouvé le secret de rendre ses promenades et ses excursions plus fructueuses, et de multiplier ses joies et ses émotions.

L'histoire naturelle toutefois, malgré le plaisir qu'elle savait lui offrir, ne put empêcher son cœur d'être captivé par d'autres attraits. Le 17 janvier 1816, il épousait Mlle Jenny Peyot, fille d'un négociant de Lyon, qui joignait aux grâces les plus séduisantes toutes les qualités faites pour plaire et pour attacher. Sa jeune épouse devint bientôt la compagne de toutes ses promenades et l'auxiliaire de ses chasses. Au mois de septembre 1821, il fit avec elle le voyage de Chamouni, et butina copieusement dans cette partie des Alpes, où le Mont-Blanc, le géant de ces régions, élève au-dessus des sommets voisins son front couronné de neiges éternelles.

En 1825, il réalisa avec elle un de ses rêves les plus favoris, celui de visiter nos provinces méridionales. A Avignon, il fit la connaissance de Requien (1); à Marseille son cœur sut bientôt comprendre celui de Solier; ensemble ils parcoururent les vallons alors si sauvages de Montredon, les côteaux dénudés des bords de la mer, et diverses autres localités des entours de la ville. L'amitié, dans ces courses, ne tarda pas à les unir l'un à l'autre par des liens qui ne devaient plus se relâcher. A Tou-

(1) Botaniste distingué, né à Avignon, ville à laquelle ce savant a légué ses livres et ses collections, mort à Bonifacio (Corse) dans l'été de 1851.

lon il entra en relation avec Banon; il poussa jusqu'à Hyères, et visita, au retour, Nîmes et Montpellier, où le professeur Delile lui fit l'accueil le plus aimable. Grâces à son œil si perspicace, et aux moyens que la tradition ou son génie inventif lui avaient enseignés pour rendre les chasses plus fructueuses, grâces aux soins minutieux qu'il mettait dans ses recherches, que de trésors ne rapporta-t-il pas de ces contrées privilégiées ! que de découvertes n'avait-il pas faites dans ces provinces jusqu'alors incomplètement explorées !

Sans aucun doute, durant les huit premières années de la Restauration, où l'Entomologie, si délaissée pendant les grandes guerres de l'Empire et les agitations de l'Europe, comptait encore un si petit nombre d'hommes lui consacrant leur plume, son savoir, son expérience et les matériaux nombreux qu'il avait amassés et disposés avec ordre depuis plus de vingt ans, lui auraient permis de s'élever aux premiers rangs des écrivains entomologiques de l'époque, si, moins insensible à la gloire, moins insouciant de la renommée, il avait voulu mettre en œuvre les richesses qu'il avait entre les mains. Mais l'étude de la Nature était, à ses yeux, un des moyens que lui avait donnés la Providence pour couler une partie de ses jours avec plus de douceur; ses désirs n'allaient pas au-delà.

Ce n'était cependant pas les moyens de publication qui lui manquaient. En 1821, la Société d'agriculture, histoire naturelle et arts utiles de Lyon l'avait attiré dans son sein; en 1822, il avait été l'un des amis des sciences naturelles qui, sous la présidence de Balbis, avaient fondé la Société linnéenne de notre ville. Ces compagnies se seraient empressées de mettre au jour les mémoires qu'il aurait pu leur communiquer; mais il se tint toujours à cet égard dans une grande réserve. Les lectures dont il anima les séances de ces corps savants, se bornèrent, en général, à des rapports qui lui étaient demandés. L'un de ceux-ci, destiné à signaler les insectes recueillis le 24 mai 1824, jour de la fête champêtre de la Société linnéenne ([1]), montra combien il était familiarisé avec les mœurs, les habitudes et la nomenclature des insectes ([2]). Personne, en effet, autant que lui, ne connaissait toutes les ressources que pouvaient offrir à celui qui aurait voulu les faire connaître, les productions naturelles de nos environs. Il avait exploré, dans tous les sens, ce territoire si varié, offrant dans un périmètre de peu d'étendue des terrains de cristallisation et des terrains de sédiment. Il avait visité les terres argileuses et les étangs de la Bresse, les plaines sablonneuses du Dauphiné, les roches si chaudes et en partie arides dont le Rhône baigne les pieds, et les champs fertiles qui nous entourent; il avait gravi les diverses élévations qui servent à faire varier la physionomie de notre pays, depuis les humbles côteaux que couvre la vigne, jusqu'à ces montagnes sous-alpines dont le pin garnit les flancs et dont le sapin couronne les sommets. Aussi, disait-il dans une des séances

---

([1]) Le 24 mai de chaque année est consacré par les diverses Sociétés Linnéennes de France, à faire à la campagne une excursion suivie d'un dîner, pour célébrer le jour de naissance de leur immortel patron.

([2]) L'insecte, dit-il, le plus remarquable recueilli dans ce jour, est le *Chrysis stoudera*. M. Jurine n'a pas connu la femelle de cette espèce, il a seulement donné une bonne figure du mâle (pl. 12. n° 9) ; mais comme son ouvrage n'est qu'une sorte de catalogue, le *Chr. stoudera* n'y est pas décrit. M. Spinola a décrit un mâle (2e fasc. p. 169); mais la femelle paraît lui être encore inconnue. Voici la diagnose des deux sexes :

♂. *Capite, thorace abdominisque segmento primo viridibus, cœruleo-variegatis; segmento secundo aureo, macula semidiscoidali violacea; tertio cupreo; ano quadridentato.*

♀. *Abdominis segmento tertio violaceo, margine virescente; cœteris ut in mare.*

Le *Chrysis stoudera* vit aux dépens du *Crabro cribrarius*, Linn. Celui-ci place son nid dans les trous que les Coléoptères laissent aux arbres ; il le remplit d'autres insectes qui doivent servir d'aliments à sa progéniture. Le *Chr. stoudera* vient y ajouter un œuf, d'où sort plus tard un ver, qui attaque la larve du *Crabro cribrarius*.

de notre Société d'agriculture : « La partie entomologique de la « Faune lyonnaise pourrait être l'objet d'un travail important, « qui comprendrait beaucoup d'espèces qu'on a cru jusqu'ici « particulières à l'Allemagne et à l'Italie. » Et le savant secrétaire de cette compagnie, M. Grognier, ajoutait : Qui mieux que M. Foudras, est capable de mener à fin cette entreprise (1)? Mais le temps qu'il devait donner à son étude d'avoué, ne lui aurait peut-être pas permis d'entreprendre alors une œuvre de si longue haleine.

Quand le baron Dejean se proposa de publier son Spéciès des Coléoptères, il sentit le besoin de se mettre en relation avec lui. Foudras s'empressa de lui envoyer ce qu'il possédait en Carabiques, en lui laissant la liberté de garder tout ce qui lui plaîrait. Le savant Entomologiste parisien puisa dans cet envoi des trésors inattendus. Il s'y enrichit de beaucoup d'espèces qui n'avaient pas été trouvées en France, et même de plusieurs tout-à-fait inconnues (2). Sa collection, dans toutes les tribus ou familles de Coléoptères, et même dans la plupart des ordres de la classe des insectes, aurait offert des richesses pareilles (3).

Un Entomologiste de notre ville, qui aurait pu produire de très-beaux travaux, mais qui délaissa l'entomologie pour la culture des fleurs, M. Bourgeois (4), avait trouvé, à quelques

---

(1) Compte-Rendu des travaux de la Société d'agriculture, hist. nat. et arts utiles de Lyon, depuis le 1e avril 1822, jusqu'au 1e avril 1823, par F. L. Grognier. *Lyon* 1823, page 100.

(2) Dejean, Spéciès des Coléoptères t. 1. p. XXII.

(3) Elle renferme encore probablement, surtout dans les ordres des Hyménoptères, Diptères et Aptères, des insectes inédits. En l'examinant, à son passage à Lyon, M. V. de Motschulsky y décrivit, ou esquissa deux coléoptères nouveaux (Voyez *Études Entomologiques*, 2e cahier de 1853, p. 56).

(4) M. Bourgeois s'est occupé pendant plusieurs années avec beaucoup de zèle et de succès de l'étude des insectes ; il était en relation avec Olivier, Bonelli, Spinola, etc. Il avait surtout formé, en Hyménoptères, une collection très-remarquable, et aujourd'hui complètement perdue. M. Bourgeois n'était

pas de la ville, dans les terrains sablonneux de la rive gauche du Rhône, un petit Orthoptère, plus particulier à nos provinces méridionales. Foudras, à qui il fit part de sa découverte, emprisonna, dans une cage vitrée et garnie de sable, un certain nombre de ces insectes, étudia leurs mœurs et leurs habitudes, et donna leur histoire complète, dans ses *Observations sur le Tridactyle panaché* (1).

Ce mémoire plein d'intérêt semblait devoir promettre d'autres travaux ; mais après cet essai, qu'un caprice ou qu'une idée avait fait naître, Foudras reprit ses allures naturelles, c'est-à-dire, se borna à faire de l'entomologie pour son agrément seul.

Indépendant par caractère, impatient de toutes les chaînes, à l'exception de celles qui l'attachaient à ses devoirs, après avoir été l'ornement et l'un des membres les plus actifs de nos Sociétés d'agriculture et linnéenne ; après avoir pendant les deux années 1826 et 1827, occupé le fauteuil de la vice-présidence de cette dernière compagnie, il commença à être moins assidu à leurs réunions, et finit par se séparer de l'une et de l'autre.

---

pas seulement ami des sciences naturelles ; il l'était aussi de la littérature ; il savait son Horace par cœur, et il a laissé en manuscrit une traduction française de ce poète. Cet excellent homme de bien qui m'honorait de son amitié, est mort à Lyon le 1e octobre 1845, âgé de 75 ans.

On a de lui :

1° Examen de la première livraison de l'Histoire des insectes nuisibles à la vigne et particulièrement de la Pyrale, de M. Victor Audouin. *Lyon* 1841, in-8°.

2° Etude spéciale et raisonnée de la Pyrale de la vigne du Beaujolais. *Lyon* 1841 in-8°.

3° Tournée en avril, mai et juin 1842, dans les vignobles du Beaujolais et du Mâconnais, pour observer la Pyrale. *Lyon* 1842 in-8°.

4° Examen d'un rapport sur la Pyrale, lu à la Société d'agriculture de Lyon. *Lyon* 1843 in-8°.

(1) Observations sur le Tridactyle panaché. *Lyon, Barret*, in-8°, de 22 pages et une planche.

Il aspirait à une liberté plus complète, c'est-à-dire, à se débarrasser de son étude, qu'il avait à peu près créée et qui était devenue, entre ses mains, l'un des bons offices de la ville ; il désirait, après y avoir trouvé fortune et considération, se reposer de ses travaux de procédure, pour se livrer entièrement à ses délassements favoris. Il vendit sa charge en novembre 1835, assista encore pendant deux ans son successeur, et fut complètement libre en janvier 1837.

Rendu à lui-même, il distribua son temps avec cette régularité qu'il mettait dans toutes ses œuvres. Ses matinées, jusqu'à neuf heures, étaient consacrées à ses études entomologiques ou à recevoir les amis de la Nature qui lui venaient rendre visite.

Nos relations dataient déjà de loin. J'avais rapporté du collége le goût d'étudier les insectes, et leur chasse m'offrait, à la campagne que j'habitais alors, un délassement qui savait encore me plaire. Dans un voyage fait à Lyon en 1824, je me hasardai, collecteur obscur, à me présenter à Foudras, jouissant déjà, comme naturaliste, d'une réputation justement méritée. La bienveillance avec laquelle il m'accueillit, les richesses admirables qu'il étala sous mes yeux, ranimèrent en moi, du moins pour quelque temps, une ardeur entomologique à laquelle l'isolement est toujours funeste. Quelque vif, en effet, que soit de prime abord ce feu sacré, il a besoin pour s'alimenter, du contact des personnes animées de la même passion. Il nous faut cette sorte de frottement, d'où jaillit l'étincelle électrique, capable de soutenir ou de surexciter notre zèle.

Quand je vins me fixer à Lyon, au commencement de 1833, je n'y apportai que les faibles débris d'une collection abandonnée depuis quelque temps, par l'incurie, aux outrages des Anthrènes. Foudras, que je revis alors, ralluma en moi, pour l'Entomologie, un amour presque éteint ;

il me servit de guide dans mes promenades, et souvent enrichissait mes boîtes d'une partie des insectes que son habileté ou sa bonne fortune faisait tomber entre ses mains. J'allais souvent à ses réceptions du matin. Il nous montrait le produit de ses chasses des jours précédents; nous indiquait les localités précises où il avait pris les insectes qui paraissaient éveiller nos désirs; s'offrait volontiers à nous conduire sur les lieux mêmes, pour nous fournir l'occasion d'en saisir de nos mains de pareils, et doubler ainsi le prix de leur possession. L'Entomologie lui doit un bon nombre de ceux qui, dans notre ville, sont aujourd'hui attachés à son culte.

Il y avait en général chez lui une si naturelle expansion, et ses chasses lui avaient donné une connaissance si approfondie des mœurs des insectes et des moyens de se les procurer, qu'on éprouvait un plaisir attrayant à l'entendre. Rarement on le quittait sans avoir appris quelque chose de nouveau.

Lorsqu'en juin 1838, le professeur Audouin fut envoyé par le Gouvernement dans les vignobles du Mâconnais, pour y chercher les moyens de s'opposer aux ravages effrayants de la pyrale de la vigne, il s'empressa de mettre à contribution les lumières de Foudras, qui, dans le temps, s'était occupé avec beaucoup de soin de suivre la vie et d'étudier les habitudes de cet insecte destructeur. Frappé des connaissances si profondes de notre compatriote, il lui demanda la faveur de nouvelles audiences. Notre ami, dont la mémoire était si riche d'observations, lui révéla une foule de ces secrets, que la Nature, prise sur le fait, abandonne dans les

(1) Audouin (Jean Victor) professeur, administrateur au jardin des plantes de Paris, né le 27 avril 1797, dans la dite ville, où il est mort le 9 novembre 1841.

champs à l'explorateur, et qu'elle cache volontiers au savant enfermé dans son cabinet. Audouin se retira émerveillé de tant de connaissances et de tant de modestie.

Depuis la conquête de son indépendance, Foudras consacrait à l'Entomologie la plupart des heures qu'il donnait auparavant aux affaires; il profitait surtout de sa liberté pour répéter ou varier ses promenades et ses excursions. Il avait revu souvent nos montagnes d'Izeron et de Pilat, fait connaissance avec celles plus pittoresques et plus riches de la Grande-Chartreuse; en août 1839, il voulut avec sa famille visiter de nouveau nos provinces du Midi. Il fit à Marseille diverses courses avec son ami Solier, visita les environs de Toulon et d'Hyères et devait au retour parcourir ceux de Nîmes et de Montpellier; mais un événement qui faillit compromettre sa vie empêcha la réalisation de ce projet. La diligence de Toulon, qui le ramenait à Marseille, arrivait au grand trot, vers une heure du matin, et par une nuit assez obscure, dans les gorges d'Ollioules; on avait eu l'imprudence de saigner la veille, sur les bords de la route, un bœuf incapable d'aller plus loin. L'odeur du sang dont le sol était imprégné, effraya les chevaux; ils se jetèrent brusquement dans un autre chemin qui bifurquait dans ce point avec la route principale. Le postillon, en voulant les remettre sur la voie, fit verser sa voiture. La chute fut rude; Foudras, logé dans le coupé, fut contusionné au-dessus de l'œil; sa fille eut à la tête une blessure grave; la plupart des autres voyageurs furent plus cruellement maltraités : sa femme et son fils furent presque les seuls à n'avoir pas trop à se plaindre. Arrivé à Marseille, les soins et les assurances consolantes d'un médecin le remirent un peu de son émoi; mais dès le lendemain il reprit avec les siens le chemin de Lyon.

Les chasses auxquelles Foudras s'était livré depuis si longtemps, lui avaient procuré dans tous les ordres la collection sans contredit la plus remarquable en insectes de France ; il aurait pu facilement se créer, par des échanges, un des plus beaux cabinets d'insectes d'Europe ; mais il avait peu de goût pour ce mode d'accroître ses richesses. Les insectes qui lui arrivaient par une main étrangère lui faisaient un médiocre plaisir ; il tenait surtout à les prendre lui-même ([1]).

En 1842, il forma le dessein de s'occuper d'une manière particulière des Altises, dont il possédait déjà un catalogue nombreux. Dès que son projet fut ébruité, il reçut de divers Entomologistes les offres les plus généreuses ; mais il refusa la plupart de ces gracieuses propositions, et se borna à accueillir quelques communications partielles. Il pensait qu'en parcourant diverses contrées de la France, il pourrait recueillir par lui-même toutes les espèces de ce groupe qui peuvent se trouver dans notre pays.

([1]) Il fut cependant en relation, au moins passagère, avec un grand nombre d'amis des sciences naturelles. A l'étranger, avec MM. Bassi, Pecchioli, Peiroleri, d'Italie ; Chevrier et Lasserre, de Genève ; Curtis, de Londres ; comte Mannerheim et V. Motschoulsky, de Russie ; Félix, de Kiesenwetter et Schaum, d'Allemagne ; Selys de Longchamps, de Belgique. A Paris, avec MM. Aubé, Chevrolat, le comte Dejean, Duponchel, Fairmaire, Latreille, Lefebvre, de Marseul, Rambur, Reiche. Dans les départements, MM. Banon, de Toulon ; Bompart, de Villefranche ; Companyo et Farines, de Perpignan ; Daube, de Montpellier ; Ecoffet, de Nîmes ; Famin, de Marseille ; de Fonscolombe, d'Aix ; le capitaine Gaubil ; le major Gueneau d'Aumont, aujourd'hui sous-intendant à Mâcon ; de Jenisson ; le marquis de la Ferté, de Tours ; Maille, de Rouen ; Michel, de Toulon ; le capitaine Morineau ; Myard, de Châlons ; Perris de Mont-de-Marsan ; Pradier, Requien, d'Avignon ; Solier et Wachanru, de Marseille. A Lyon, avec les Entomologistes MM. Armand, Bonnamour, Bourgeois, Brun, Chardiny, Donzel, de Fontenay, Gabillot, Gacogne, l'abbé Girodon, Godart, Guillebeau, Levrat, Mayet, Merck, Millière, Perret, Perroud, Rey (Cl.), Rey, professeur à l'Ecole Vétérinaire, de Villers ; avec MM. Jourdan, conservateur du Muséum ; Grognier, professeur à l'Ecole Vétérinaire ; Tabareau, doyen de la faculté des sciences ; V. Thiollière, géologue ; Michaud et Terver, conchyologistes ; Aunier, Balbis, Cap, Champagneux, Deriard, Hénon, A. Jordan ; Madiot, Martinel, Roffavier, Timeroy, et Mme Lortet, botanistes.

Il se mit dès-lors à les rechercher avec une ardeur nouvelle. En juillet de la même année, il parcourut avec de Fontenay ([1]) et Bompart ([2]) les montagnes alpestres de la Chartreuse ; puis il descendit avec eux à Uriage, où nos voyageurs prirent le *Carabus nodulosus*, qu'on croyait jusqu'alors étranger à la France.

L'année suivante, son fils, étudiant en médecine à Lyon, avait à subir des examens devant les professeurs de l'école de Montpellier. Il saisit avec empressement cette occasion d'explorer avec lui et M. Rey une partie des départements du Gard et de l'Hérault. Ils partirent le 23 mai, et durant un mois à peu près, ils visitèrent successivement les campagnes de Beaucaire et les roches dénudées qui les dominent, les bords du Lez, les environs de Montpellier, de Cette, de Castelnau, les salines du port Juvénal, les bords de la Mosson, Aiguemortes, avec ses plaines sablonneuses, ses marécages et ses bois de pins, les *garrigues* ou côteaux arides des entours de Nîmes. Dans l'une de ces promenades, Crespon ([3]) voulut leur servir de guide et de compagnon.

Vers la fin d'août de la même année, il s'achemina vers ce désert de la Grande-Chartreuse, que l'homme le plus insensible aux beautés de la Nature ne saurait parcourir sans émo-

---

([1]) Mort le 2 octobre 1843. Voy. Mulsant, Opuscules, deuxième cahier, p. 161.

([2]) Ancien négociant, qui avait fait de l'Entomologie les délassements de sa vie, après s'être retiré des affaires ; mort, il y a quelques années, à Villefranche (Rhône) où il était né.

([3]) Crespon avait fondé près de la fontaine de Nîmes un cabinet d'histoire naturelle, qui est une des curiosités de la ville. Il s'était un peu occupé d'insectes, et on lui doit un mémoire sur l'*Oscine de l'olive* : mais il est plus connu par son *Ornithologie du Gard* et surtout par sa *Faune méridionale*, *Nîmes*, 1844, 2 vol. in-8, fig.

Crespon est mort le 1er août 1857.

tion, mais qui offre surtout à l'Entomologiste des trésors si variés. En visitant, à une époque plus favorable de l'année, les bords pittoresques et accidentés du Guiers, en fauchant ces prairies couvertes d'une flore si différente de la nôtre, en parcourant ces bois séculaires servant d'aliment ou de retraite à des insectes si divers, en s'élevant jusqu'à ce grand Som où semblent s'être réfugiés ceux des contrées hyperborées, il avait trouvé de nombreuses moissons à cueillir. Ses récoltes, dans ces jours un peu tardifs, furent sans doute moins nombreuses, mais non moins remarquables.

Préoccupé de son travail sur les Altisides, il sentait que pour connaître par lui-même les habitudes de ces petits Coléoptères, les plantes sur lesquelles ils vivent, les lieux dans lesquels on les trouve, il devait renouveler et multiplier ses voyages. Le 20 mai 1844, il se dirigea vers la Provence avec M. Roffavier, botaniste distingué de cette ville. Ils débutèrent par Draguignan, où Doublier, de regrettable mémoire, leur servit de guide. De là, les deux amis se rendirent à Grasse, cité bâtie en amphithéâtre aux pieds des monts élevés, à qui elle doit un abri contre les vents du nord, et des sources abondantes et limpides; contrée privilégiée, où dans les douces soirées du printemps et de l'été les Lucioles parcourent les airs, en produisant une traînée de lumière alternativement interrompue; où semblent naturalisées une partie des productions végétales de l'Afrique septentrionale. Ils rayonnèrent ensuite dans les environs d'Antibes et de Cannes; s'aventurèrent dans les bois de la chaîne de l'Esterel; virent Fréjus, et sillonnèrent les plages sablonneuses de Saint-Raphaël, dans lesquelles se plaisent le *Calicnemis*, l'*Anoxia scutellaris* et l'*Anomala devota;* visitèrent les collines de Saint-Mandrier, de l'autre côté de la rade de Toulon; stationnèrent quelques jours à Hyères, où les salines, les bords de la mer et les côteaux couverts d'arbousiers, de lentisques, de chênes-liége, de chênes verts et d'une foule d'autres végétaux, nourrissent ou abritent des insectes ou des plantes inconnus à nos contrées; ils revirent Solier à Marseille, fouillèrent avec lui les gorges solitaires et les rochers brûlants de Montredon, et revinrent au bout d'un mois à Lyon, chargés de trésors, et l'âme remplie des souvenirs les plus agréables et les plus riants.

Le 15 juillet suivant, il s'élevait sur le Colombier d'où le regard plonge sur la ville d'Aix et le lac du Bourget et peut s'étendre jusqu'à ceux d'Annecy et de Genève, puis il revenait sur les derniers degrés de cette montagne, se reposer quelques moments auprès de sa fille, dans sa campagne de Talissieu. Il y retournait encore en septembre, après avoir exploré pendant plusieurs jours les monts d'Ain, aux pieds desquels se cachent et Nantua et le lac aux eaux bleues qui en baigne les murs.

Il serait inutile de suivre Foudras dans les promenades si souvent répétées, faites en rayonnant autour de la ville. Mais il n'est peut-être pas sans intérêt de rappeler ses excursions lointaines, car la plupart servent de date pour quelques-unes de ses découvertes ou de ses captures remarquables. Ainsi, dans un voyage à Montpellier et à Cette, entrepris avec son fils vers la fin de mai 1846, il prit dans les *guarrigues* de Nîmes un assez bon nombre de la *Procasta galii*, cimicide méridionale assez rare, et il y découvrit le joli longicorne nommé par lui *M.-nigrum*, qu'il me donna à décrire, et dont j'ai fait le type du genre *Albana*. Au commencement de juillet il revoyait les bois et les prairies de Pilat, et vers le milieu du même mois, il partait pour l'Auvergne avec M. Brun, l'un de nos Lépidoptéristes les plus zélés. Ensemble ils gravirent le pic du Capucin et celui de Sancy, parcoururent la vallée que la cascade du Creil anime du bruit de ses eaux, visitèrent la grotte de Royat, s'élevèrent sur le Puy de Dôme et revinrent à Lyon par Montbrison et Saint-

Etienne. En septembre suivant, il parcourait avec M. Guillebeau les roches calcaires de Villebois, les solitudes de l'ancienne Chartreuse de Portes et les marais de Serrière, où se cache l'*Odacantha melanura*, inconnue à nos environs. Enfin le 22 octobre, il escaladait de nouveau le Colombier, où il s'enrichit du *Microrhagus Sahlbergi* et d'un assez bon nombre d'*Altica hippophaes*.

L'année 1847 vit la fin de ses grands voyages. Il se rendit en mai dans le Gard et l'Hérault, et en juillet à la Grande-Chartreuse. A dater de cette époque, Izeron, Pilat ou le Colombier devinrent le but des excursions les plus éloignées.

Suffisamment enrichi des Coléoptères objets plus spéciaux de ses poursuites, il s'occupait à les étudier avec ce coup-d'œil observateur qui lui était particulier et à les décrire avec ces soins attentifs dont il était capable. Son fils disséquait ces insectes avec une habileté admirable, pour assurer, par les caractères tirés des organes internes, la validité des espèces. Mais le travail auquel se livrait Foudras ne lui empêchait pas de se tenir au courant de la science, de reclasser les diverses familles de sa collection sur lesquelles il paraissait des monographies nouvelles.

En vain ses amis l'engageaient-ils souvent à hâter la publication de son œuvre ; elle semblait n'être pour lui qu'une occupation qu'il avait cherché à se créer principalement pour les jours d'hiver, où les promenades deviennent impossibles ou sans agrément, et les chasses presque infructueuses ; c'était une jouissance qu'il avait voulu se donner ; mais ce travail serait devenu pour lui un esclavage insupportable, s'il lui avait fallu renoncer à la liberté de le délaisser passagèrement, quand une autre préoccupation lui venait offrir plus d'attrait.

Notre ami s'avançait ainsi vers la vieillesse, sans en connaître les infirmités ou les peines, sans même paraître sentir le poids des années. Il n'avait vu s'affaiblir ni l'excellence de sa vue légèrement myope, ni la vigueur et l'élasticité de ses muscles, ni sa mémoire toujours prête à le servir. Il n'avait rien perdu ni de sa gaîté, ni de son goût pour les jeux de mots qui étaient un de ses amusements favoris. Sa vie s'écoulait heureuse et paisible, au sein de toutes les douceurs que peuvent procurer la santé, la fortune, le bonheur de famille, et des délassements qui avaient conservé le privilége de l'enchanter. Mais le bonheur de la terre ne saurait être exempt d'orages. Celui de Foudras allait être profondément troublé. Son fils, si remarquable par son intelligence et son savoir, à la suite d'une course trop longue et surtout trop rapide, avait senti son corps baigné de sueur éprouver un refroidissement glacial; les poumons, ces viscères importants, se trouvèrent bientôt atteints, et nous eûmes la douleur de voir ce pauvre Fabien [1] que nous aimions tant, s'éteindre graduellement dans les langueurs et les souffrances d'une phthisie pulmonaire, et rendre le dernier soupir le 18 juillet 1855.

Quel déchirement Foudras ne dut-il pas éprouver à ce coup affreux, que tous les soins et toutes les ressources de l'art avaient été impuissants à détourner! Il voyait s'éteindre, non seulement un fils, objet de tant d'espérances et chargé de perpétuer son nom; mais il perdait en lui l'auxiliaire de ses travaux, l'héritier de ses goûts, le continuateur d'une collection qu'il avait mis tant de peines et tant d'années à former et à classer !

Il chercha à s'étourdir sur cette perte cruelle. Il s'efforça de montrer sur son visage la même sérénité, et son air enjoué habituel; mais il était facile, sous cette gaîté factice, de deviner la blessure profonde qu'il cachait. Malheureux du vide qui s'était fait autour de lui, il se mit, comme une âme

---

[1] François-Fabien FOUDRAS, né à Lyon le 18 avril 1822.

désolée qui ne sait plus où trouver le bien-être, à faire chaque jour des visites plus fréquentes à quelques-uns des amis des sciences avec lesquels il avait des relations. Il allait y chercher des distractions; mais il n'avait plus le même goût à causer d'histoire naturelle. Il semblait avoir oublié les Altises, pour s'occuper d'une manière plus spéciale des Aptères parasites, qui depuis quelque temps étaient l'objet de ses recherches. Bientôt on s'aperçut que sa mémoire commençait à être infidèle, que son intelligence n'avait plus le même éclat. Sa forte constitution cependant et sa santé jusqu'alors inaltérée semblaient lui promettre encore d'assez longues années d'existence.

Le dimanche, 3 avril 1859, il fit à pied et par un soleil assez chaud une excursion de trois ou quatre lieues. Le vendredi suivant, dans la matinée, son cerveau se trouva embarrassé, il voulut sortir comme d'habitude, espérant que le grand air lui serait favorable; mais peut-être une demi-heure après, il fut frappé, dans la rue, d'une congestion cérébrale et tomba sans connaissance. Reconnu par un passant, il fut recueilli avec empressement et transporté dans son domicile; mais, hélas, les soins les plus zélés et les plus affectueux de tous les siens, les secours les mieux entendus de la science médicale, ne purent détourner le coup fatal dont il était menacé : le mercredi, 13 avril, il cessait d'exister pour sa famille et pour ses amis!

On a de lui :

1°. Notice sur les insectes utiles et les insectes nuisibles du département.

(Publiée en extrait dans le Compte-Rendu des travaux de la Société d'agriculture, hist. nat. et arts utiles de Lyon, depuis le 1er avril 1822, jusqu'au 1e mars 1823, p. 99 à 110).

2° Rapport sur un concours ouvert sur la destruction de la Pyrale de la vigne. Commissaires : MM. de Martinel, Balbis, et Foudras rapporteur.

(Mémoires de la Société roy. d'agricult. hist. nat. et arts utiles de Lyon, 1825-1827, p. 33 à 48).

3° Observations sur le *Tridactyle panaché*, *Lyon*, *Barret*, 1829 in-8° (22 pages et 1 pl.)

Obs. Les chiffres des dernières figures ont été appliqués à celles-ci d'une manière erronée. Ainsi, au lieu de n° 9, lisez, 12 ; au lieu de 10, lisez, 11 ; au lieu de 11, lisez, 10 ; au lieu de 12, lisez, 9.

Il a laissé en manuscrit :

4° Rapport sur un mémoire de M. le Dr Imbert, sur le *Mécanisme de la respiration du Limaçon.*

(Lu à la Soc. Linn. de Lyon le 13 janvier 1823).

5° Rapport de la commission composée de MM. Tissier aîné, Dupasquier et Foudras, sur une proposition faite dans la séance de la Société Linnéenne du 2 juin 1823, *de provoquer, par une récompense publique, dont la Société Linnéenne ferait les frais, la découverte des moyens de favoriser la multiplication des sangsues.*

(Lu à la Société Linnéenne le 7 juillet 1823).

6° Note critique sur des chenilles remarquées dans des matières vomies

(Lue à la Société Linnéenne le 6 novembre 1823).

7°. Notes sur les Sangsues qui se trouvent aux environs de Lyon (avec M. le Dr Dupasquier).

(Lues à la Société Linn. de Lyon le 1e mars 1824).

8° Notes sur quelques insectes recueillis le 24 mai 1824 (dans la promenade annuelle faite par la Société Linnéenne, pour célébrer la naissance de Linné).

(Lues à la Soc. Linn. le 7 juin 1824).

9° Mémoire sur les amours des insectes.

10° Monographie des Altisides.

La famille de l'homme remarquable dont nous venons d'esquisser la vie, a désiré que ce dernier et important travail, attendu depuis si longtemps par les Entomologistes, ne fût pas perdu pour la science. Prête à faire tous les sacrifices pour sa publication, elle a chargé l'auteur de ces pages du soin de le faire paraître. Il est inutile d'ajouter que l'ami à qui elle a bien voulu confier ce mandat pieux, se fera un devoir de n'altérer en rien le manuscrit original, afin de laisser à Foudras tout le mérite de son œuvre.

Par un sentiment de délicatesse et de générosité admirable, la même famille a fait plus encore. Elle n'a pas voulu que les collections précieuses qui lui étaient laissées, fussent vendues ou dispersées. Elle a offert comme souvenir à M. le Dr Perroud, fils de notre savant Entomologiste, l'un des amis les plus particuliers du défunt, l'herbier renfermant à peu près toutes les plantes phanérogames de nos environs. Elle a donné son riche cabinet d'insectes au Lycée de Lyon (1), dans lequel achève en ce moment ses études le petit-fils du défunt, et dans lequel a lui-même été élevé le père de ce jeune homme, M. Clerc, président du tribunal civil de Belley, époux de Mlle Jenny Foudras, devenue depuis la mort de son frère, l'unique héritière de notre savant ami.

---

(1) Foudras avait déjà donné dans le temps à la Société Linnéenne de Lyon, soixante et douze échantillons de minéralogie et divers autres objets d'Histoire naturelle ; plus, les ouvrages suivants : Fuchsii de stirpium commentarii. — Jardin de Henri IV. — Jacquin, Enumeratio plantarum. — Necker, Eléments de Botanique. — Pline, Historia mundi (Voy. Annales de la Société Linn. 1836, p. 48).

F. Lépagnez Lith. Lyon, Lith. Th. Lépagnez

JEAN-JUSTE-NOEL-ANTOINE AUNIER,

BOTANISTE.

Né à Lyon le 25 décembre 1781,
Mort dans la même ville le 9 août 1859.

NOTICE

SUR

JEAN-JUSTE-NOEL-ANTOINE

AUNIER,

PAR

E. MULSANT.

MESSIEURS,

De toutes les pertes éprouvées depuis quelque temps par notre Compagnie, l'une des plus douloureuses et des plus sensibles, est sans contredit celle de ce confrère si bienveillant et si dévoué dont je veux essayer aujourd'hui de vous esquisser la vie. Cet ami de tous nous était d'autant plus cher, qu'il fut pendant deux années le président de cette Société, et qu'il restait parmi nous le dernier représentant de ceux qui, après l'avoir fondée en 1822, n'ont cessé de conserver ou de resserrer les liens qui les attachaient à elle.

AUNIER (Jean-Juste-Noël-Antoine), naquit à Lyon, le 25 décembre 1784. L'avant-dernier de ses prénoms, comme il est facile de le deviner, lui fut donné pour rappeler le jour mémorable qui l'avait vu arriver à la vie. Il était le second enfant et le premier des fils issus du mariage de Claude Aunier, négociant, et de Marie Burdel (1).

---

(1) De ce mariage sont nés six enfants, dont trois seulement ont survécu, savoir : Mlle Pierrette Aunier, née en janvier 1781 : Jean-Juste-Noël-Antoine,

Son père, grâces à la considération qu'il s'était acquise par sa probité et ses qualités personnelles, s'était créé, pour ses affaires, dans les maisons les plus honorables, des relations avantageuses et solides; il occupait le premier rang parmi les marchands de vin en gros de la cité. Sans doute, en embrassant ce fils qui lui était donné, il dut sourire à l'espérance de lui laisser un jour son commerce florissant; mais les desseins de Dieu en avaient disposé autrement : cet honorable négociant fut enlevé à sa famille le 10 avril 1790.

Comme compensation à cet irréparable malheur, la Providence semblait, aux enfants qui venaient de faire une perte si cruelle, avoir ménagé dans leur excellente mère, une de ces femmes qui joignent à la tendresse et au dévouement si naturels à ce sexe, l'intelligence élevée et la fermeté de caractère plus particulières au nôtre. Elle s'appliqua à donner à son fils cette éducation solide, qui a pour base les principes religieux et moraux, principes qui, une fois enracinés dans le cœur, ont une si grande influence sur les destinées de la vie. Aunier leur dut sans doute d'échapper dans sa jeunesse aux entraînements dangereux auxquels il est si facile de céder à cet âge.

Ses études contrariées ou troublées par les malheurs des temps, eurent lieu en partie chez des maîtres particuliers, en partie au collége de Lyon. Quand elles furent achevées, il fut placé, en qualité de commis, dans un magasin de soieries; mais des circonstances qui semblaient lui promettre un avancement plus rapide, lui firent quitter cette riche branche de notre industrie, pour entrer dans le commerce de la draperie. En 1806, c'est-à-dire à vingt-cinq ans, il était l'un des

---

objet de cette notice : et Mme Etiennette Aunier, sœur Saint-Fulgence, née en 1788, aujourd'hui supérieure des Dames Saint-Charles, à Caluire, près Lyon.

chefs d'une maison de ce genre. Avec l'intelligence et l'esprit d'ordre dont il était doué, l'amour du travail dont il était animé, le zèle et la ponctualité qu'il apportait à l'accomplissement de tous ses devoirs, et cette probité inflexible si capable d'inspirer la confiance, ses affaires ne pouvaient manquer de prospérer. Aussi vit-il bientôt sa fortune s'accroître, et son nom entouré d'estime et de considération. Il se serait sans doute trouvé un jour à la tête de l'une de nos maisons de commerce les plus importantes, s'il avait continué à suivre la même carrière. Mais son associé s'étant retiré en 1816, il se décida à prendre le même parti. Il n'avait plus d'intérêt à rester dans les affaires ; sa sœur la plus jeune venait de prendre le voile; l'aînée avait refusé de courir les chances de l'hyménée; et quant à lui, heureux du bonheur qu'il trouvait auprès de sa mère et de celle de ses sœurs qui restait dans le monde, il avait pour la première une sorte de culte, et pour la seconde une affection qui ne laissait place dans son cœur à aucun autre amour. Il jouissait d'une aisance capable de suffire et au-delà à son ambition ou à ses besoins ; à quoi lui aurait servi de se fatiguer plus longtemps sur le chemin de la fortune ?

Mais en abandonnant le commerce, il n'avait pas eu l'intention de consacrer à l'oisiveté les restes d'une vie jusqu'alors si utilement occupée; il se proposait de chercher dans quelques travaux de l'intelligence, des plaisirs et des délassements capables de remplir agréablement ses heures. Il n'avait toutefois encore point de projet arrêté. Sa sœur aînée, liée avec celle de Foudras (1), lui parla de l'attrait que ce dernier trouvait dans la botanique. Elle l'engagea à chercher aussi dans l'étude si douce et si attrayante des fleurs un aliment à l'activité de son esprit. Cédant à ce con-

(1) Entomologiste et botaniste, mort à Lyon le 13 avril 1859.

seil, il commença à assister aux leçons publiques professées par M. l'abbé Dejean, directeur du jardin des plantes de la ville. Il y fit la connaissance de Mme Lortet, de MM. Roffavier, Mouton-Fontenille et de divers autres amis des productions de Flore ; il n'en fallait pas davantage pour décider de ses goûts. Il se mit, avec l'ardeur d'un néophyte, à étudier les éléments de cette science, qui devait jusqu'à la fin de sa vie, contribuer si puissamment à faire le charme de ses jours. Il entreprit, sous la conduite de ses nouveaux amis, quelques herborisations dans les alentours de la ville ; mais bientôt il voulut étendre le cercle de ses excursions. En juillet 1818, il s'achemina vers Pierre-sur-Haute, montagne des environs de Montbrison, et à partir de cette époque, soit avec M. Roffavier, soit avec divers autres botanistes, il fit, chaque année au moins, un voyage scientifique. Quelles richesses et quels plaisirs ne lui procura pas déjà l'ascension de la montagne sous-alpine de la Loire ! Mais l'année suivante lui réservait des trésors plus précieux et des jouissances autrement vives, dans une visite faite à la Grande-Chartreuse, durant la seconde moitié de juillet.

Je me suis souvent demandé de quelles pensées serait agité un habitant des plaines tristes et monotones de la Champagne, s'il était tout-à-coup transporté sur le chemin si pittoresque et si accidenté qui se prolonge en serpentant de Fourvoirie au couvent ; sans aucun doute il se croirait dans un autre monde ! Il est impossible, en effet, de franchir le seuil du désert, sans éprouver un sentiment continuel d'étonnement et d'admiration. Cette route tracée sur le bord d'un torrent profondément encaissé entre des montagnes presque perpendiculaires; ces rochers parfois comme suspendus sur la tête et qui semblent menacer l'existence du voyageur; ces sapins échelonnés sur ces flancs escarpés ; ces eaux qui descendent en mugissant, ou qui jaillissent en poussière humide, en se heurtant contre les roches disséminées sur leur passage ; ce panorama sauvage dont chaque pas fait varier la physionomie ; cet air rafraîchi et parfois embaumé qu'on respire, tout contribue à frapper et à enivrer les sens, à exalter l'imagination, à élever nos pensées jusqu'au-delà des sphères visibles, vers le Dieu qui créa tant de merveilles !

Aunier et ses compagnons de voyage parcoururent dans tous les sens ces prairies couvertes d'un flore luxuriante ; ils s'élevèrent jusqu'à ce *grand Som*, dont le front dénudé domine tous les pics environnants ; ils visitèrent, près de Bovinant, les rochers couronnés de rhododendrons, et les flancs très-inclinés situés au-dessous, dans lesquels fleurit le beau lys de St-Bruno ; ils jouirent sur le col, d'où l'on descend aux Echelles, par le chemin du Frou, du tableau magnifique qui se déploie, et d'où l'œil découvre le lac du Bourget et peut suivre le cours sinueux du Rhône jusqu'à Lyon ; puis, franchissant, un autre jour, la vallée du Guiers mort, ils gravirent jusqu'aux solitudes de Charmantsom.

L'année 1822 vit naître à Paris une Compagnie savante destinée à donner un nouvel essor aux sciences naturelles. A l'instar de celle déjà fondée à Londres, elle avait pris le titre de Société Linnéenne, pour honorer la mémoire du plus grand des naturalistes modernes. Lyon et quelques autres villes de France voulurent suivre l'exemple de la capitale. Les principaux amis de la Nature de notre cité se réunirent dans ce but chez M. Balbis, botaniste italien, depuis quelque temps le successeur de M. l'abbé Dejean, dans la direction de notre jardin des plantes, et le 28 décembre, jour anniversaire de la mort de Tournefort, ils fondèrent, sous le titre modeste de Colonie, échangé un peu plus tard, contre celui de Société, la Compagnie à laquelle nous nous faisons tous honneur d'appartenir [1].

---

[1] Ces fondateurs furent : Mme Lortet, MM. Aunier, Balbis, Cap, Cham-

Aunier, honoré du titre de correspondant de la Société Linnéenne de Paris ([1]), fut un des plus zélés à organiser celle de Lyon ; et depuis la fondation de cette dernière, nul n'a montré plus d'intérêt pour sa prospérité.

Les liens qui le rattachaient à la Société-mère le portèrent, au printemps de 1823, à se rendre dans la capitale. Ce voyage et ceux qu'il y répéta à diverses époques ([2]), lui fournirent l'occasion d'entrer en rapport avec les botanistes les plus célèbres ou les plus distingués ([3]) de cette reine du monde, et d'y voir divers autres naturalistes de la province ou de l'étranger ([4]). Il profita de ces différents déplacements pour herboriser dans les forêts de Fontainebleau, de Saint-Germain, de Meudon et dans diverses autres localités ; pour visiter Versailles et les autres environs de Paris ; Orléans, Rouen et le Hâvre ; voir l'Océan, avec ses mouvements périodiques de flux et de reflux, et jouir du spectacle plus émouvant de ses flots agités par la tempête.

Quelque temps après son premier voyage de Paris, il se

---

pagneux, Chancey, Deriard, docteur Dupasquier, Fauché, Fillcux, Foudras, Grognier, Lacène, Madiot, de Martinel, l'abbé Pagès, Roffavier, Tabareau, Tissier, Vatel. — Les membres du bureau furent : Balbis, président ; Pagès, vice-président ; Grognier, secrétaire ; Cap, secrétaire adjoint ; Roffavier, trésorier.

([1]) Sa nomination porte la date du 27 juin 1822.

([2]) En 1835, 1839, 1844, 1847, 1851, 1855.

([3]) Nous nous bornerons à citer MM. Brongniart, Decaisne, B. Delessert, Desfontaines, Gandichaud, de Jussieu, Montagne et Thouïn, de l'Institut ; Loiseleur Deslongchamps et Mérat, de l'académie de médecine ; Cambesède, auteur de l'*Enumeratio plantarum* etc... ; Corda, à qui l'on doit divers mémoires sur la cryptogamie ; Gay (Jacq.) auteur de diverses monographies ; Gay (Cl.) le célèbre explorateur du Chili ; Germain et Cosson, auteurs de la Flore des environs de Paris ; Guillemin, le directeur de l'herbier de Botanique ; Leveillé, auteur de divers mémoires sur des plantes de la famille des champignons ; Maire, Mouroi, Petit, Solairol, etc. etc.

([4]) Tschniaëff, botaniste russe ; Welwitsch, de Vienne, en Autriche, etc. etc.

rendit à Genève ; y reçut un accueil empressé de M. de Candolle, qui lui donna son fils pour l'accompagner sur le Salève; et après un jour passé avec l'illustre savant, il explora les montagnes échelonnées entre le lac Léman et la ville de Saint-Claude.

Dans les deux années suivantes, il visita d'abord les montagnes de l'Auvergne, puis celles des Hautes et Basses-Alpes (1).

Depuis longtemps, comme il l'a publié lui-même (2), il désirait faire une excursion aux Pyrénées; mais il jugea convenable de diviser ce voyage, c'est-à-dire de parcourir d'abord le Languedoc et le Roussillon, afin d'être moins arrêté, lorsqu'il traverserait de nouveau ces provinces, pour gravir les majestueuses cîmes placées comme une barrière entre la France et l'Espagne. Il quitta Lyon vers la fin de mars 1827, descendit à Avignon, où il vit M. Requien (3) et rencontra M. le professeur Delile à Montpellier, partant pour Toulon, et le même jour il allait coucher à Lille, pour visiter le lendemain la fontaine de Vaucluse, lieu moins célèbre par la beauté de sa source, que par les souvenirs qu'il rappelle; il y chercha sur ces rochers, dont les échos semblent redire encore les noms de Pétrarque et de Laure, l'espèce de fougère dédiée au poète (4). De là, il se rendit à Montpellier, y fit la connaissance de M. le professeur Dunal; herborisa dans les

(1) Dans ce dernier voyage il fit à Guillestre la connaissance de M. Mathonnet, et à Meyronnes celle de M. Cogordan, resté l'un de ses amis les plus dévoués.

(2) *Notice sur un voyage botanique dans le Languedoc* (Annales de la Soc. Linnéenne de Lyon, 1836).

(3) Botaniste célèbre, mort à Bonifacio dans l'été de 1851. Requien, outre ses travaux botaniques, a publié sur les coquilles fluviatiles de la Corse un catalogue devenu une rareté bibliographique.

(3) *Asplenium Petrarchæ*.

environs avec l'un de ses correspondants, M. Mocquin-Tandon ([1]) et diverses autres personnes ; visita successivement Narbonne, Perpignan, Collioure et Cette ; explora dans ces courses la montagne du pech de l'Agnel, la chaîne de la Clape, les bords de la Test, les champs de l'île Ste-Lucie, les bois de l'abbaye de Fondfroide, et après quelques jours consacrés de nouveau à Montpellier et à ses environs, revenait à Vaucluse y cueillir l'*Asplenium Petrarchœ*, qu'il n'avait pu y trouver la première fois ; puis terminait ce voyage par une visite au bel établissement de MM. Audibert à Tonelle.

Les pérégrinations d'un naturaliste sont à peu près écrites tout entières dans ses collections. En visitant celle d'Aunier, en feuilletant ses cartons, dans lesquels chaque plante porte l'indication de la date et du lieu de sa récolte, on pourrait le suivre pas à pas dans ses herborisations. Il serait même possible de soupçonner le plaisir qu'il dut éprouver à la rencontre de telle ou telle espèce rare. Toutefois, ce livre énigmatique ou incomplet ne saurait nous redire toutes les pensées, toute les émotions de bonheur éprouvées par le voyageur ; lui seul sait trouver dans les divers échantillons de ses végétaux, comme un écho ou un reflet de ses joies passées, que le souvenir vient faire revivre ou rajeunir.

Après avoir exploré le Languedoc, les désirs de notre botaniste le dirigèrent, l'année suivante, vers le Mont-Cenis. La Nature le dédommagea amplement de ses peines ; il revint chargé de trésors ; dans cette excursion, il avait poussé une pointe jusqu'à Turin pour y voir M. Moris ([2]).

Les Alpes sont comme un ami qui nous a comblé de bon-

([1]) Aujourd'hui membre de l'Institut et professeur de botanique à la Faculté de médecine de Paris, auteur des *Eléments de Tératalogie végétale* ; de la *Monographie des Chénopodiées*, etc.

([2]) Auteur de la *Flora Sardoa*.

tés et dont le souvenir nous revient sans cesse. Quand on les a visitées une fois, on veut les revoir encore. Aunier ne tarda pas à éprouver ce besoin. Dès les premiers jours de juillet 1830, il prenait le chemin de la vallée du Bourg-d'Oisans, et pendant un mois explorait successivement avec MM. Mathonnet et Cogordan, les prairies du Lautaret et les montagnes voisines, les environs de Briançon, le Mont-Genèvre et le Mont-Dauphin. Les événements politiques de cette époque l'engagèrent à renvoyer à l'année suivante le complément de cette excursion, qui comprit la région dans laquelle s'élèvent le mont de Lans et le Piemeyan.

La révolution de juillet exerça son influence sur les destinées du jardin botanique de Lyon. Son directeur, M. Balbis, fut porté à se retirer dans sa patrie. M. Seringe, recommandé par M. De Candolle, dut en partie aux démarches d'Aunier auprès de M. Prunelle, alors maire de Lyon, d'être admis à lui succéder. Toutefois, celui dont je retrace la vie, ne put voir sans un profond regret le départ de M. Balbis, le fondateur de notre Compagnie, devenu depuis longtemps son guide et son ami. Jusqu'à la mort de ce naturaliste italien, il resta en correspondance suivie avec lui, et s'occupa même avec un zèle qui ne s'est pas démenti, du placement de la Flore lyonnaise, éditée avec un trop grand luxe de papier, et par suite à un prix trop élevé, pour en rendre l'écoulement facile.

Aunier collectait des plantes depuis près de vingt ans, il avait fait quinze ascensions sur le Pilat, renouvelé plusieurs fois ses voyages à la Grande-Chartreuse, et entrepris dans divers autres lieux des courses multipliées, sans avoir encore visité la Provence, cette contrée privilégiée, où sous l'influence féconde d'un ciel plus chaud, la terre se pare d'une flore particulière. Il se dirigea vers ce pays le 1er mars 1834, s'arrêta une huitaine de jours à Avignon pour y consulter l'herbier de M. Requien, surtout dans sa partie cryptogamique, se rendit à Marseille, Toulon et Hyères, et rapporta de ses diverses herborisations des richesses précieuses et des souvenirs pleins de charmes (1).

Depuis cette époque, la plupart des printemps furent consacrés à cette contrée favorisée, qu'il regrettait d'avoir connue trop tard. D'autres motifs l'attiraient d'ailleurs sous ce ciel méridional; dans les premiers temps, il y retrouvait trois amis, qui chaque année venaient chercher à Hyères l'air attiédi qu'on y respire : M. Champagneux, qui a laissé sur son passage des souvenirs si doux et qui nous a légué son herbier : M. Donzel, dont notre collection et notre bibliothèque rediront toujours les bienfaits : et ce bon M. Michel, cet ami du cœur, qui devait le précéder de si peu de temps dans la tombe ! Plus tard, il y rencontra dans M. Henri du Luc, l'un de nos botanistes les plus éclairés et les plus infatigables, un ami non moins dévoué et un guide précieux pour s'engager dans les forêts des Maures et de l'Esterel, et parcourir les diverses parties du département du Var, comprises entre Draguignan, Le Luc et Fréjus, jusqu'à Saint-Tropez, Cannes et Antibes.

---

(1) Dans ce premier voyage, il vit, à Marseille M. Solier, qui cultivait avec le même fruit la botanique et l'entomologie; et, à Toulon, M. Robert, alors directeur du jardin de botanique de cette ville. Dans les autres voyages, il fit connaissance, à Marseille, de MM. Derbès, le savant collaborateur de Solier, dans le travail sur les algues, couronné par l'Institut, et aujourd'hui professeur à la Faculté des sciences de Marseille ; Giraudy et Varsy, amis de M. Solier; à Aix, de M. Castagne, auteur du *Catalogue des plantes des environs de Marseille*, né dans cette ville le 11 novembre 1785, mort à Mizamas le 16 mars 1858 ; à Toulon, de Mme Ventre, qui marche si noblement sur les traces de feue Mme Lortet; de MM. le Dr Ventre, Chambeyron, Cavalier, Perremond, pharmaciens et le capitaine Michel ; Lange, conservateur de la bibliothèque botanique de Copenhague, de passage à Toulon, pour se rendre en Espagne; à Hyères, M. Lozet; à Draguignan, M. Doublier, si obligeant et si regretté.

Le nom d'Aunier était depuis longtemps répandu parmi les botanistes de l'Europe. En juillet 1834, il reçut la visite de M. Gustave Kunze de Leipzig, entomologiste et botaniste renommé, avec lequel il entretint depuis cette époque, une correspondance régulière, dans laquelle la science et l'amitié trouvèrent toujours à gagner. Divers autres naturalistes étrangers([1]) et nationaux ([2]), cherchèrent à établir avec lui des relations. Celles qu'il entretenait avec ses correspondants devaient leur être précieuses : il était d'une générosité sans bornes ; ses plantes étaient préparées avec soin, généralement bien nommées, et quand leur détermination lui paraissait douteuse, il aimait à en discuter la valeur avec ceux auxquels il les adressait. Aussi les observations critiques échangées avec divers

([1]) Nous nous bornerons à citer Mgr Billiet, l'éminent prélat, archevêque de Chambéry ; Augerd, fils du célèbre algologue suédois ; Boeik, médecin norvégien, dont il reçut la visite en 1841 ; Bonafous de Turin, qui s'est acquis à la reconnaissance des naturalistes, des sériciculteurs et de tous les hommes en général, des titres si nombreux; Duby, de Genève, l'auteur du *Botanicon gallicum* ; J. W. Hornemann, conseiller d'état et professeur de botanique à Copenhague; F. M. Liebmann, le dernier éditeur et continuateur de la *Flora danica* ; De Notaris, professeur de botanique à Gênes ; Pritzel, l'auteur du *Thesaurus litteraturæ botanicæ*, etc. ; Reichenbach, fils du célèbre directeur du Jardin de botanique de Dresde, et lui-même botaniste distingué, connu par une *Monographie des Orchidées*, etc. ; S. C. Sommerfelt, de Ringboë, en Norvège, à qui l'on doit un supplément à la Flore de Laponie; Wilkomm, de Leipzig, voyageur en Espagne, auteur de la *Monographie des Globulariées*.

([2]) Bornons-nous à mentionner, outre les personnes déjà nommées dans cette notice, MM. Delise, de Vire, auteur de l'*Histoire des Lichens* ; Farines, pharmacien à Perpignan; Fée, professeur à la Faculté des sciences de Strasbourg ; Gaillon, receveur principal des douanes à Boulogne-sur-mer, mort le 4 janvier 1839 ; de Girard, de Montpellier ; Joly, professeur à la Faculté des sciences de Toulouse ; Lecoq aujourd'hui professeur à la Faculté des sciences de Clermont ; Lenormand, de Vire ; de Pouzzol, auteur de la Flore du Gard, etc. Ami de tous nos botanistes lyonnais, il était plus particulièrement lié avec MM. Cariot, Foudras, Gacogne, Hénon et A. Jordan.

botanistes plus ou moins célèbres, et les espèces typiques reçues d'un assez grand nombre d'auteurs modernes, rendent-elles son herbier très-utile à consulter et lui donnent-elles un prix particulier.

Diverses circonstances lui avaient empêché de faire dans les Pyrénées l'excursion projetée depuis 1827. Il l'entreprit en 1840, avec MM. Roffavier et Bompart. Nos trois voyageurs visitèrent successivement Bagnère de Luchon, Barrèges, Cauterets, Saint-Sauveur et Gavarnie, escaladèrent le pic du Midi et divers autres situés sur leur route ; et après un mois et demi de courses dont les beautés de la nature et des récoltes abondantes faisaient en partie oublier la fatigue, ils revenaient chargés de plantes et l'âme remplie de tout le bonheur qu'ils avaient goûté.

Aunier devait aux Pyrénées trop de reconnaissance pour leur avoir dit un dernier adieu. Aussi, pendant les étés de 1841 et 1843, retourna-t-il leur demander de nouvelles richesses végétales et de nouveaux plaisirs. Cette chaîne Pyrénéenne offre, comme les Alpes, de ces tableaux grandioses qui laissent dans la mémoire de tout voyageur de vivaces souvenirs ; mais pour le naturaliste elle présente des attraits particuliers ; il y trouve des jouissances ignorées du vulgaire, et des trésors qu'il chercherait vainement dans les plaines les plus fécondes.

L'exposition de 1851 attirait à Londres une multitude d'étrangers. Aunier profita de cette occasion pour aller visiter l'herbier de Linné et son Spéciès enrichi de ses notes, trésors confiés aux soins de M. Kippist, toujours empressé de les montrer aux hommes capables de les apprécier. Il voulut parcourir de nouveau le Languedoc en 1852, et, l'année suivante, le Bugey, avec M. l'abbé Cariot. Enfin, l'exposition universelle de 1855 lui fournit l'occasion de serrer encore une fois la main à ses amis de Paris. Ce voyage devait être le dernier ; à partir de cette époque, ses forces affaiblies ne lui permirent plus que des promenades autour de la ville.

Peut-être ai-je rappelé avec trop d'étendue les diverses excursions faites par Aunier ; mais ces détails semblaient nécessaires, pour donner à comprendre toute l'activité de ce botaniste. Ces herborisations entreprises dans les parties de la France les plus intéressantes sous le rapport de l'histoire naturelle, servent à expliquer le prix que ses correspondants attachaient à ses relations, et les ressources qu'il possédait pour ses échanges nombreux, dans lesquels il envoyait toujours plus qu'il ne recevait.

D'une générosité instinctive, on le trouvait sans cesse disposé à donner, quand ses largesses pouvaient être utiles à la science ou à ceux qui contribuaient à ses progrès (1). Sans doute, il aurait pu laisser dans les fastes de la botanique une place plus distinguée, s'il avait voulu se donner le mérite de ses découvertes ; car personne n'avait peut-être exploré avec plus de fruit le midi de la France et surtout les plantes printanières de la Provence. Mais il trouvait plus d'attrait à s'occuper de l'étude des végétaux pour les jouissances qu'il y puisait, que dans le but de s'en servir à élever un piédestal pour sa gloire.

La science toutefois se plaira à conserver le nom d'Aunier, pour les services qu'elle en a reçus. Sa bibliothèque et son herbier étaient à la disposition de tous les botanistes intéressés à y recourir. Un assez grand nombre d'auteurs, entre lesquels nous pouvons citer MM. Cariot, Delise, Duby, Germain et Cosson, Alexis Jordan, Mérat, Montagne et Moris, lui ont

---

(1) Ainsi il a fait divers envois au Muséum de Paris et au magnifique établissement dont M. Delessert fait faire si généreusement les honneurs, par le conservateur de sa bibliothèque et de ses collections, M. Lasègue. Ainsi encore, en 1836, il adressait à M. Tournal, pour le jardin botanique de Narbonne, soixante-dix plantes vivantes, et deux cents paquets de graines.

dû des matériaux utiles ou précieux pour leurs travaux [1]. Tous les membres de cette Compagnie savent la part de collaboration qu'il a apportée à Balbis pour la publication de la Flore Lyonnaise [2].

Si Aunier se recommande aux amis de la science par ces titres divers, le souvenir de ses vertus privées rendra longtemps encore sa mémoire chère à ceux qui l'ont connu. C'était une de ces natures excellentes, comme on est si heureux d'en rencontrer quelquefois dans le monde. Il possédait cette égalité de caractère, cette douceur et cette bonté, qui répandent tant de charmes sur l'existence de ceux qui nous entourent. D'un esprit solide et sérieux, il manquait de ce brillant qui parfois n'est qu'un vernis recouvrant un fond sans profondeur ; mais en revanche, il était doué de cette sûreté de jugement qui ne laisse point de place aux écarts de l'imagination. D'une droiture ennemie du moindre détour, il fallait pour gagner son affection, ou même pour parvenir à entretenir avec lui des relations, mériter d'abord son estime ; mais une fois que l'amitié l'avait porté à former des nœuds, le temps ne faisait que les resserrer.

Avec de telles qualités, peut-on s'étonner s'il a eu des amis véritables ? Il poussait pour eux la condescendance jusqu'à l'abnégation, et le dévouement jusqu'au sacrifice. Il avait surtout cet apanage d'une belle âme, cette mémoire du cœur qui ne sait pas oublier le moindre bienfait. Un seul trait suffira pour le peindre sous ce rapport. Un jour, nous causions de ce bon M. Seringe, dont la perte était récente ; il m'exprimait le regret de n'avoir pas été averti de sa mort et de n'avoir pas pu, par là même, assister à ses funérailles : comment, me disait-il, aurais-je pu me dispenser de l'accompa-

(1) M. de Notaris lui a dédié son *Syllabus muscorum Italiæ*.

(2) Il avait été nommé le 12 septembre 1835, correspondant de la Société d'Agriculture et des Arts de Boulogne-sur-Mer.

gner jusqu'à sa dernière demeure? il avait rempli ce devoir pieux envers la mère que j'aimais tant!

A notre tour, nous nous souviendrons longtemps de cet excellent confrère, qui fut en 1836 et 1837 le président de cette Compagnie. Sa taille était avantageuse, sa constitution forte et robuste. Sa physionomie, naturellement grave, s'animait sans peine auprès de ses amis, et prenait alors une indéfinissable expression de bonté.

Vous vous rappelez avec quelle régularité il assista à nos séances tant que sa santé le lui permit; avec quel plaisir surtout il prenait part à cette fête de famille, à ce banquet annuel, destiné à entretenir l'esprit de confraternité, et à resserrer, s'il est possible, les liens si doux qui nous unissent. Il était toujours le plus empressé à y rappeler la mémoire de ceux que nous pleurons. Depuis la fondation de la Compagnie, notre dernière réunion a été la seule attristée par son absence : il était près des portes du tombeau. Des soins empressés et la vigueur de sa constitution parvinrent cependant à lui rendre une santé précaire; il profita de cette sorte de bien-être pour disposer de ses richesses scientifiques. Elles étaient destinées à accroître celles de notre Société; mais l'incertitude dans laquelle nous nous trouvions encore relativement au local qu'occuperait la Compagnie, le porta à modifier ses dispositions : il donnait son herbier au Lycée et ses livres à la Bibliothèque publique. Il voulait cependant avoir la douce espérance de rester au milieu de nous, même après les jours où il ne serait plus, et dans cette pensée, il nous laissait son image, en souvenir de l'affection qu'il nous portait.

Telle fut la vie d'Aunier. Jamais existence humaine ne coula peut-être plus paisible que la sienne. Les seuls moments de tristesse ou de deuil qui en altérèrent la tranquillité, furent ceux où il perdit des amis, ceux surtout qui le séparèrent de sa mère chérie (1). Heureux pendant longtemps du bonheur de la posséder ; comblé de l'affection de ses sœurs; objet continuel des soins de celle qui était restée sa compagne ; entouré d'amis dévoués, sans avoir jamais connu d'ennemis ; trop modeste pour avoir suscité des jaloux ; honoré de tous ; béni d'une foule de malheureux dont sa main discrète soulageait les misères, ses jours se sont écoulés dans la paix et la douceur. Mais la félicité éternelle n'est pas de ce monde. Incomplètement remis de sa dernière maladie, il voulut aller passer quelques jours dans l'une de ses campagnes ; au retour, le cahotement de la voiture occasionna une hémorrhagie dans la vessie, contre laquelle furent impuissantes toutes les ressources de l'art. La religion, dont les préceptes lui avaient servi de guide, lui offrit alors ses consolations et ses espérances ; elle lui inspira, au milieu de ses souffrances, cette résignation admirable que le chrétien sait puiser dans sa foi. Son regret le plus vif n'était pas de quitter la vie ; mais de se séparer de celle dont le cœur était depuis si longtemps lié au sien par un amour fraternel. Quelques moments avant de rendre le dernier soupir, il voulut tendre encore sa main défaillante à la sœur aimée qu'il laissait dans l'isolement, en la conviant à cette éternité de bonheur, dans laquelle il s'était préparé une place par ses vertus. Il s'éteignait le 9 août 1859.

(1) Morte en 1838

On a de lui :

1° Notice sur un Voyage botanique dans le Languedoc, fait en avril et en mai 1827 ; lue à la Société linnéenne le 26 novembre 1827.

(Annales de la Soc. Linn. de Lyon, 1836.)

2° Notice sur M. Vaivolet.

(Annales de la Soc. Linn. de Lyon, 1836.)

3° Notice sur l'abbé Pagès.

(Lue à la Soc. Linn. dans la séance du 28 décembre 1841.)
(Ann. de la Soc. Linn. de Lyon, 1841, p. 41 et suiv.)

Il a laissé en manuscrit :

Note sur la *Peziza amplissima.*

(Lue à la Société Linnéenne, le 3 mai 1824.)

Promenade à la Grande-Chartreuse.

(Lue à la Société Linn. de Lyon, le 27 août 1826.)

Rapport sur un Mémoire envoyé par MM. Chereau et Dechaleris, ayant pour titre : *Essai sur les Cryptogames utiles.*

(Lu à la Soc. Linn. de Lyon. le 9 juillet 1827).

Aunier a laissé le journal de ses grandes herborisations, à part de quelques-unes de celles de Pilat. En voici le résumé :

1818 (du 9 au 15 juillet) Pierre-sur-Haute (Loire).

1819 (du 15 au 29 juillet) Grande-Chartreuse.

1820 (du 27 juillet au 13 août) les environs de Grenoble, Chamrousse, le Lautaret, le Galibier, le Mont-de-Lans, etc.

1820 (du 9 et 10 juin) Pilat.

— (du 11 au 16 juillet) Pilat.

1821 (du 23 juillet au 1 août) le Bugey, le Grand-Colombier.

1822 (du 16 au 22 juin) les montagnes de Nantua.

1823 (du 10 mars au 14 avril) Paris, Fontainebleau, Versailles.

— (du 5 au 15 août) Genève, les montagnes du Jura.

1824 (du 20 juillet au 8 août) les montagnes de l'Auvergne.

1825 (du 18 juillet au 20 août) les Hautes et Basses-Alpes.

1826 (du 17 au 20 juin) Pilat.

— (du 1 au 11 août) Grande-Chartreuse.

— (du 25 au 31 août) Pilat.

1827 (du 28 mars au 24 mai) Vaucluse, le Languedoc, Nismes, Montpellier, Toulouse, Narbonne, Perpignan, Port-Vendres, etc.

— (du 12 au 17 juillet) Pilat.

1828 (du 18 juillet au 14 août) le Mont-Cenis.

1829 (du 28 au 31 juillet) Pilat.

1830 (du 5 au 9 juin) Pilat.

— (du 7 juillet au 8 août) les Alpes, le Lautaret, le Mont Genèvre, le Mont-Dauphin, etc.

1831 (du 25 juillet au 5 août) le Dauphiné, le Mont de Lans, le Piemeyan, le Lautaret.

1832 (du 3 au 8 juillet) Pilat.

1833 (du 17 au 21 juillet) Pilat.

1834 (du 1 au 25 mars) Avignon, Aix, Marseille, Toulon, Hyères.

— (du 27 juillet au 1 août) Pilat (16e herborisation).

1835 (du 29 janvier au 11 mars) Paris, Rouen, Bolbec, le Havre.

1836 (du 1 au 7 juillet) le Bugey, le Grand-Colombier.

— (du 26 juillet au 5 août) Grande-Chartreuse.

1837 (du 16 juillet au 3 août) le Mont-Dore, le pic du Capucin, etc.

1838 (du 2 au 16 juillet) Grande-Chartreuse.

— (du 5 au 23 aout) Allevard, le Lautaret, etc.

1839 (du 6 mai au 14 juin) Paris, Meudon, Vincennes, Versailles, etc.

— (du 12 au 17 juillet) Pilat.

— (du 30 juillet au 24 août) Mont-Cenis, Turin.

1840 (du 26 au 29 juin) le Bugey.

— (du 10 juillet au 25 août) les Pyrénées. Bagnères de Luchon, la vallée du Lys et Bagnères de Bigorre, Barrèges, Cauterets, Saint-Sauveur, Gavarnie, etc,

1841 (du 12 avril au 7 mai) la Provence, Avignon, Marseille, Hyères.

— (du 21 juin au 10 août) les Pyrénées, le Canigou, Prades, etc.

1842 (du 20 janvier au 5 mars) la Provence, Hyères.

— (du 4 au 12 août) la Grande-Chartreuse.

1843 (du 1 juillet au 18 août) les Pyrénées, Bigorre, St-Sauveur, etc.

1844 (du 9 mars au 4 avril) Provence, Hyères.

— (du 21 juin au 25 juillet) Paris, Orléans, Versailles, Bois-de-Boulogne, Meudon, Fontainebleau, Malsherbes, Dijon.

1845 (du 12 mai au 19 juin) Provence, le Luc, St-Tropez, Bois-des-Maures, St-Raphael, l'Esterel, Cannes, Antibes, Draguignan.

1846 (du 26 juin au 22 juillet) Provence, Avignon, Marseille, les Bois-des-Maures, Fréjus, l'Esterel, Draguignan.

1847 (du 1 février au 3 mars) Paris, Versailles.

— (du 28 juillet au 18 août) Dauphiné. La Motte, Lautaret, Galibier, Premols, Uriage.

1849 (du 1 au 11 mai) Provence. Arles.

1850 (du 23 avril au 23 mai) Provence. Marseille, le Luc, Grasse, golfe Juan, St-Raphael, Aix.

1851 (du 23 avril au 17 mai) Provence. Marseille, Toulon, Hyères.

— (du 24 juillet au 19 août) Paris, Londres.

1852 (du 14 au 31 mai) Languedoc, Montpellier, Narbonne, Béziers, etc.

1853 (du 22 au 30 juillet) Bugey. Nantua, la Voulte, etc.

— (les 12 et 13 août) Bugey. Meximieux.

1855 (du 24 octobre au 5 novembre) Paris.

NOTES

POUR SERVIR A L'HISTOIRE

DE QUELQUES COLÉOPTÈRES,

PAR

E. MULSANT et Eug. REVELIÈRE.

(Lues à la Société Linnéenne de Lyon, le 11 juillet 1859.)

PREMIERS ÉTATS DE L'**Iphthimus italicus.**

Les premiers états des Coléoptères désignés sous le nom générique d'*Iphthimus* n'ont pas encore été décrits. Les détails que nous allons donner sur ceux de l'*I. italicus*, serviront à jeter quelque jour sur le genre de vie de ces insectes, et à montrer les relations qui les unissent aux Ténébrions.

Larve hexapode ; semi-cylindrique ; allongée ; revêtue d'une peau parcheminée ou coriace. *Tête* penchée ; peu convexe ; d'un fauve testacé, avec l'épistome livide ; hérissée sur les côtés et surtout près de la base des antennes de quelques poils très-clairsemés, d'un blond roussâtre ; marquée d'une ligne naissant du bord postérieur, avancée longitudinalement jusqu'au tiers ou aux deux cinquièmes postérieurs, où elle se divise en deux branches arquées en dehors, dirigées chacune vers la base des antennes, où chacune d'elles paraît encore se bifurquer ; ponctuée plus densement sur son disque que sur les côtés. *Postépistome* et *épistome* confondus, si ce n'est par la couleur ; formant une figure transverse, rétrécie d'arrière en avant, une fois plus large à la base que longue sur son milieu. *Labre* à peu près de la largeur de l'épistome ; subarrondi et garni de poils, en devant. *Mandibules* presque droites, subcornées et d'un fauve testacé à la base, arquées, noires et cornées à l'extrémité; de forme un peu différente à celle-ci: l'une armée de trois dents, dont l'intermédiaire assez pointue, plus avancée, et d'une molaire à la base : l'autre, également munie à l'extrémité de trois dents, dont l'intermédiaire tronquée; pourvue aussi, à la base, d'une molaire un peu avancée en forme de pointe à sa partie antérieure. *Mâchoires* à un seul lobe; subparallèle, tronqué à l'extrémité coriace, avec le bord interne et l'angle antéro-interne noirâtres, cornés, munis de poils spinosules fauves. *Palpes maxillaires* coniques; dépassant un peu les mandibules à l'état de repos; de trois articles: le dernier, muni d'une soie. *Menton* plus long que large; hexagonal. *Languette* conique, frangée. *Palpes labiaux* coniques: de deux articles. *Antennes* à peine aussi avancées que les mandibules, à l'état de repos; de quatre articles: le basilaire, presque membraneux, subglobuleux ou presque annuliforme; fauve ou roussâtre à la base, livide à l'extrémité: le deuxième cylindrique, une fois plus long que large, fauve testacé avec l'extrémité antérieure livide: le troisième, cylindrique, un peu moins gros et à peine plus long que le précédent, roussâtre: le quatrième brusquement plus étroit, court, terminé par un poil. *Yeux* à peine représentés par deux petits points noirâtres. *Corps* de douze segments: d'un blanc sale, avec l'anneau prothoracique d'un testacé fauve; marqué d'une ligne longitudinale médiane blanchâtre; garni sur les côtés de quelques poils très-clairsemés; garni de légères rides: les onze premiers segments offrant une bordure postérieure lisse: le prothoracique, un peu plus grand que les autres, mais moins grand que les deux suivants réunis, presque de la couleur de la tête: les deuxième et troisième anneaux un peu plus courts que chacun des suivants: les quatrième à dixième presque égaux: le onzième un peu rétréci d'avant en arrière: le douzième, plus court, terminé par deux sortes de cornes relevées et divergentes, munies chacune en dessous de deux ou trois petites pointes : ce douzième anneau armé aussi en dessus et un peu sur les côtés de quatre petites pointes noirâtres, de chaque côté de la ligne médiane ; à fente anale représentée par une ligne en demi-cercle aboutissant à chacune des extrémités du bord postérieur ou inférieur du dit anneau. *Dessous du corps* lisse. *Pieds* médiocres ; disposés par paire sous chacun des trois premiers arceaux; munis au côté interne de très-courtes pointes ; garnis de poils ; composés chacun de cinq pièces : une hanche : un trochanter uni à la cuisse : un tibia et un ongle robuste et incourbé, représentant le tarse : les pieds antérieurs plus robustes. *Stigmates* au nombre de neuf paires de chaque côté : la première plus grosse et située plus en dessous, près du bord antérieur du deuxième anneau : les autres sur chacun des quatrième à onzième segments.

Cette larve vit dans les parties mortes et surtout pourries des troncs de chênes verts, des arbrisseaux du genre Phylique, et peut-être de quelques autres arbres ; elle s'enfonce souvent profondément dans le bois.

Vers la fin de sa vie vermiforme, cette larve se rapproche plus ou moins de l'écorce pour avoir le moyen de se créer une sortie plus facile. Dans l'endroit où elle s'arrête, elle élargit un peu sa galerie pour s'y transformer en nymphe. Voici la description de celle-ci.

Nymphe allongée ; incourbée ; glabre ; d'un blanc sale ou jaunâtre. *Tête* inclinée ; offrant très-distinctes les diverses parties de la bouche de l'insecte futur. *Yeux* représentés par trois points tuberculeux, noirâtres, transversalement situés derrière la base de chaque antenne. Celles-ci, grossissant graduellement ; dirigées en dehors, couchées sur la partie antérieure de l'antépectus en se dirigeant vers le mésothorax, dont elles ne dépassent pas les côtés, au devant des pattes antérieures. *Prothorax* semblable à celui de l'insecte parfait. *Méso* et *métathorax* courts ; portant les élytres et les ailes infléchies en dessous. *Abdomen* composé de neuf segments : les six premiers à peu près d'égale largeur, ayant les côtés tranchants et un peu relevés, armés chacun de quatre dents : les antérieures et postérieures plus fortes : les premières recourbées en devant : les postérieures recourbées en arrière : les trois derniers segments graduellement rétrécis : le septième armé sur les côtés de deux ou trois dents : le huitième de deux ou trois dentelures très-courtes : le dernier, muni de deux pointes recourbées et de deux sortes de mamelons sur le bord antérieur de la partie postérieure servant de limite à la fente anale. *Pieds* offrant les cuisses dirigées en dehors et en arrière, les tibias repliés contre les cuisses et les tarses dirigés parallèlement à la ligne médiane du corps. *Stigmates* à peu près comme chez la larve.

Ordinairement au bout de 8 à 10 jours passés dans cet état, l'insecte subit sa dernière transformation.

Cet insecte se trouve en Corse presque pendant toute la belle saison, principalement dans les mois de juin, juillet et août. Durant le jour, il se tient caché sous les écorces ou au pied des arbres, et n'a que pendant la nuit une vie active.

LARVE DU **Rhizotrogus Fossulatus.**

Larve hexapode ; courbée. *Tête* convexe ; d'un flave roussâtre ; lisse ; marquée en devant de quelques points paraissant symétriquement disposés ; notée d'une ligne longitudinale médiane blanchâtre, naissant du milieu du bord postérieur, prolongée jusqu'au tiers postérieur où elle se bifurque et se divise en deux lignes, aboutissant chacune à la base des antennes. *Épistome* et *postépistome* unis, constituant une pièce transverse, rétrécie d'arrière en avant : le postépistome, d'un flave roussâtre : l'épistome, livide. *Labre* une fois plus large que long, arrondi et garni de poils à son bord antérieur. *Mandibules* médiocrement arquées ; d'un flave roussâtre à la base, noires et d'une consistance plus cornée à l'extrémité ; terminées en pointe, tranchantes à leur bord interne sur le cinquième antérieur de leur longueur, et munies postérieurement d'une petite dent sur cette partie tranchante, échancrées ensuite ou arquées en dehors jusque vers la base de leur bord interne, et munies en dessus d'une tranche ou sorte de carène. *Mâchoires* formées d'une pièce basilaire courte, d'une pièce prébasilaire aussi longue que large, comprimée, et d'un lobe terminal garni de poils raides ou spinosules et terminé par une dent subcornée. *Palpes maxillaires* filiformes ; de trois articles : le dernier le plus long, rétréci vers son extrémité. *Menton* court ; transverse. *Languette* arquée en devant. *Palpes labiaux* filiformes ; de deux articles : le dernier rétréci vers son extrémité. *Antennes* à peine aussi longuement prolongées que les mandibules dans l'état de repos : de cinq articles : le basilaire globuleux : les deuxième et troisième, subfiliformes : le deuxième trois fois, le troisième quatre fois aussi long que large : le quatrième un peu moins long que le troisième, mais prolongé à son côté interne : le cinquième presque en ligne droite à son côté externe, arqué à l'interne, appendicé. *Ocelles* nuls ou peu distincts. *Corps* courbé en arc ; garni en dessus de poils roussâtres, longs, flexibles, assez clairsemés ; composé de treize arceaux : les onze premiers, d'un blanc sale : les deux derniers ardoisés au moins sur les côtés : les neuf premiers ridés, presque égaux : le prothoracique un peu moins court que les suivants : les quatrième à neuvième munis en dessus de poils roussâtres assez courts subspinosules, servant à favoriser les mouvements de progression de l'insecte : les dixième à treizième graduellement un peu plus longs : le dixième encore garni à sa base de poils spinosulés, lisse et presque glabre postérieurement ainsi que les deux suivants : le dernier garni de poils plus nombreux, surtout vers son extrémité. *Ligne anale* en forme de V très-ouvert. *Dessous du corps* analogue à la partie supérieure ; garni de longs poils roussâtres très-clairsemés. *Pieds* assez allongés ; d'un blanc sale ; garnis de poils roussâtres, plus longs et plus flexibles sur les parties antérieures, plus courts et plus raides près de l'extrémité, surtout dans les troisième et quatrième pièces des pieds antérieurs ; composés de cinq pièces : la basilaire, courte, annuliforme : la deuxième subcylindrique, la plus longue : la troisième renflée en dessous vers l'extrémité : la quatrième conique : la cinquième constituant un ongle assez court et aigu. *Stigmates* petits ; au nombre de douze paires ; situés sur les côtés du corps, près du bourrelet latéral : la première paire sur le premier anneau : les autres sur chacun des quatrième à onzième.

Cette larve ronge les racines de l'*Asphodelus ramosus*, qui se trouve environ à huit cents mètres de hauteur, dans les montagnes de la Corse.

Elle se transforme en nymphe dans les mois d'août, et paraît, en septembre, sous sa forme parfaite.

JEAN - NICOLAS - BARTHELEMI - GUSTAVE LEVRAT

ENTOMOLOGISTE

Né à Lyon le 16 janvier 1823,

Mort dans la même ville le 28 août 1859.

NOTICE

SUR

JEAN-NICOLAS-BARTHÉLEMI-GUSTAVE

LEVRAT,

PAR

E. MULSANT.

Cette année 1859, qui va bientôt appartenir au passé, aura été une des plus douloureuses pour notre compagnie, par les pertes nombreuses qu'elle a faites. Mais entre tous les deuils dont nos cœurs ont été atteints, le plus inattendu est sans contredit celui du regrettable ami dont je veux essayer de vous esquisser la vie.

Jean-Nicolas-Barthelemy-Gustave LEVRAT naquit à Lyon, le 16 janvier 1823. Il était l'aîné des deux enfants issus du mariage du Docteur Jean-François Levrat (1) et de Héloïse Perrotton. A quatre ans il faillit être emporté par une maladie grave, et dut peut-être une seconde fois la vie à son père, par les soins intelligents avec lesquels l'habile praticien

(1) Le docteur Jean-François LEVRAT-PERROTTON, né à Leymont (Ain), le 4 juillet 1790, est mort à Lyon le 24 février 1855. Auteur de divers travaux estimés sur la médecine, il avait conquis des titres plus méritoires encore dans cet amour si constant et si désintéressé qu'il n'a cessé de montrer pour les pauvres dans cet empressement à leur donner des soins à toutes les heures où ils venaient réclamer ses services. (Voyez, sur cet homme de bien, la notice pleine d'intérêt publiée par M. Roux, dans le *Répertoire des travaux de la société de statistique de Marseille*, t. 20, p. 456 et suiv.)

sut éloigner la mort déjà penchée sur le chevet de son fils.

Enfant, il offrait dans son caractère, son intelligence et son aptitude, les espérances qu'il devait réaliser plus tard. Ses parents ne négligèrent rien pour favoriser le développement de ses heureuses dispositions. De bonne heure, il fut confié aux soins d'un maître habile, chargé de lui donner des leçons dans la maison paternelle. Il compléta ses études par un an de philosophie au collége de Lyon, sous M. l'abbé Noirot; et le 19 juin 1841, il sortait avec succès et distinction des épreuves du baccalauréat ès-lettres.

A cette époque, son père faisait bâtir une maison de campagne, dans la commune de Lentilly, à trois ou quatre lieues de notre ville. M. Pascal, l'un de nos bons architectes, chargé de diriger cette construction, aimait alors, dans ses moments de loisir, à demander à l'entomologie des sujets de distractions à des travaux plus sérieux ([1]). Il conduisit un jour le jeune Gustave à une chasse aux insectes dans les bois voisins. Il trouva le secret de lui faire partager, dans l'exercice auquel ils se livrèrent, les jouissances qu'il éprouvait lui-même ; il lui parla des charmes de l'étude des Coléoptères: en fallait-il davantage pour lui inspirer du goût pour cette science ? Levrat était à cet âge où l'imagination vive et ardente reçoit avec facilité les impressions dont elle est frappée, où le cœur, quand il est pur, est heureux de s'attacher à quelque étude attrayante, pour échapper avec plus de facilité à des entraînements plus dangereux. Aussi, dès ce moment, commença-t-il à collecter des insectes. Mais cette occupation, qui prit bientôt le caractère d'une petite passion,

([1]) On doit à M. Pascal, la découverte, dans nos environs, de l'*Aphodius conjugatus* et de quelques autres Coléoptères, qui jusqu'alors n'avaient pas été trouvés dans nos campagnes.

ne devait être aux yeux de sa raison, qu'un passe-temps chargé d'amuser ses loisirs. Avant tout, il désirait se créer une position dans le monde, en y embrassant une carrière. Les succès de son père dans la pratique médicale, semblaient lui indiquer la voie à suivre. Mais une répulsion instinctive pour les études préparatoires à l'exercice de la médecine, lui fit tourner ses regards vers notre riche industrie, qui offre souvent le chemin le plus sûr et le plus rapide pour arriver à la fortune. Il entra successivement dans deux maisons de soieries de notre ville. Grâces à l'intelligence dont il était doué, et à ce noble désir de réussir qui conduit aux succès, il acquit bientôt les connaissances nécessaires pour conduire lui-même les affaires, et, à vingt-sept ans, il forma une association, et devint l'un des chefs de l'une de nos fabriques de velours.

Dans les diverses positions qu'il avait occupées jusqu'alors, les devoirs auxquels il était enchaîné n'avaient pu affaiblir en lui son amour pour l'étude des insectes. Il consacrait à leur chasse ou à leur détermination tous les moments de liberté qu'il ne donnait pas aux relations de famille.

Quelques années se passèrent ainsi, pendant lesquelles les distractions fournies par la science à laquelle il était resté fidèle, les satisfactions procurées par l'état florissant de son commerce, les douceurs trouvées auprès de parents excellents et dont il était tendrement aimé, parurent suffire à ses désirs. Mais il soupira bientôt après un complément à ce bonheur. Il le trouva dans une union capable de satisfaire son cœur, d'enchanter tous les siens, de réaliser tous ses rêves. Le 6 juin 1853, il s'alliait à l'une de nos familles les plus honorables, il épousait Melle Sara Mouterde [1].

---

[1] M. Emmanuel Mouterde, père de Mme Sara Levrat, a été membre de la chambre de commerce, juge au tribunal de commerce et président de la caisse d'épargne de notre ville. Il est encore membre de la chambre consultative d'agriculture, etc.

Sa jeune compagne ne tarda pas à s'identifier à ses goûts, à prendre une part active aux soins de sa collection, à lui aider à en augmenter les trésors. C'est elle qui dénicha, sous des écorces de pins, dans les environs du Donjon (Allier), ce joli longicorne formant le type du genre *Notorhina*, qui n'avait pas encore été signalé comme habitant notre pays.

Les jours de félicité dont jouissait Levrat devaient aussi avoir leurs orages. Son père, épuisé par les fatigues d'une pratique trop laborieuse, succombait le 24 février 1855, entouré de l'estime et de l'affection de tous ceux qui le connaissaient, et pleuré des malheureux auxquels il avait pendant toute sa vie prodigué des soins, des consolations et des secours.

La Providence sembla, peu de mois après, vouloir offrir à notre ami quelque adoucissement à une perte si cruelle : après des espérances jusqu'alors incomplètement réalisées, il lui naquit un fils le 16 mars 1856. Comblé, dès ce moment, des joies et des douceurs de la famille, il pouvait borner ses désirs à demander au Ciel la continuation des biens dont il était favorisé. Il était dans cette position de fortune si bien nommée par les poètes *aurea mediocritas* [1], c'est-à-dire dans cette aisance qui, sans être l'opulence, nous permet de nous donner toutes les jouissances raisonnables. Il voyait, chaque année, son commerce le récompenser de son travail ; augmenter ses sources de bien-être et embellir les espérances de son avenir. Il mettait à profit cet état prospère pour se créer des richesses plus durables en soulageant les misères qui l'entouraient. Là, ne s'étaient pas bornées ses bienfaisantes sollicitudes. Une petite commune du département de l'Ain, dans laquelle il avait eu plusieurs fois l'occasion de se rendre, l'Abergement-de-Varey, avait à reconstruire son

---

(1) HORACE, Odes, liv. 2. 10. 5.

église. Le bon curé du lieu [1] lui avait fait connaître et l'impérieuse nécessité de rebâtir cet édifice, et la pauvreté de sa paroisse. Levrat se met à l'œuvre, organise une loterie et en obtient des produits suffisants pour permettre de commencer prochainement les travaux Les témoignages de reconnaissance [2] reçus à cette occasion, lui furent sans doute moins agréables que la satisfaction intérieure d'avoir fait le bien ; mais ils seront un titre honorable pour sa famille, et, pour son fils, un stimulant capable de le porter à marcher toujours sur de si belles traces.

En dehors du temps réclamé par les affaires, Levrat, avons-nous dit, consacrait à l'entomologie la majeure partie de ses heures disponibles. Dans un voyage fait à Marseille, en mai 1844, il avait eu l'occasion de se lier avec M. Wachanru, ce naturaliste excellent, ce collecteur zélé et infatigable, à qui les cabinets d'histoire naturelle du nord doivent en grande partie les insectes de notre faune méridionale. Grâces aux envois fréquents reçus de cet ami, Levrat s'était créé de nombreuses relations, profitables à tous les deux, et qui chaque jour remplissaient dans ses cartons des vides plus ou moins nombreux. Ses rapports, dans les premières années ne dépassaient pas les limites de la France ; mais peu à peu, la possibilité de se créer une riche collection de Coléoptères, à l'aide des trésors incessamment mis à sa disposition, lui fit étendre considérablement le cercle de ses correspondances. [3] Dans

---

(1) M. l'abbé Curial, en ce moment aumônier du vaisseau *la Foudre*, en station devant Tanger.

(2) Voyez la note à la fin de cette notice.

(3) Il nous suffira de citer : en Autriche, M. le docteur Hampe ; en Bavière, MM. les docteurs Kriechbaumer et Rath, et M. Stark ; en Espagne MM. Amor, Perez. et le docteur Guirao ; en Grèce, M. Heldreich ; en Hongrie MM. Kindermann et le chevalier de Zacker ; en Prusse, MM. Krautz, Pfeil, Pitsch,

les derniers temps, il existait peu de parties de l'Europe dans lesquelles il n'eût adressé ses propositions d'échange, aux entomologistes dont il espérait obtenir des richesses nouvelles.

Le désir de faire la connaissance personnelle de quelques-uns de ses correspondants, de cimenter avec eux des liaisons plus durables, de se créer de nouvelles relations, l'avait porté à prendre part aux divers congrès entomologiques tenus depuis quelques années. Ainsi en 1857, il se rendit à Montpellier, et dans les explorations faites autour de cette ville, il eut le plaisir d'y prendre de sa main quelques-uns des insectes inconnus à nos contrées. En 1858, il se trouvait aussi à Grenoble, et faisait partie de l'excursion à la Grande-Chartreuse, si malheureusement contrariée par le mauvais temps. Cette année, il assistait au congrès tenu en Auvergne.

Ces réunions scientifiques dont nous devons l'initiative à l'Allemagne, ne se bornent pas à servir les intérêts de la science, soit en permettant aux découvertes nouvelles de se produire au jour, soit en provoquant l'apparition de divers mémoires, ou des discussions capables de faire jaillir des lumières nouvelles sur des points encore peu éclaircis, elles entretiennent et ravivent, parmi les membres qui s'y rendent, le feu sacré de l'amour de la Nature; elles fournissent aux entomologistes l'occasion de se connaître et d'établir entre eux des rapports plus intimes.

Cet assemblées annuelles et surtout les relations nombreuses qu'entretenait Levrat, avaient contribué à répandre son nom en France et à l'Étranger parmi les personnes atta-

---

Zebe; en Russie, MM. le baron de Chaudoir et MM. les docteurs Rainard, Schulten, Sodoffoky; en Saxe, M. de Kiesenweter, en Sicile, MM les chevaliers Benoit et Tines; en Suisse, M. le docteur Stierlin; en Turquie, M. le docteur Pauli.

chées à l'entomologie. Diverses sociétés savantes [1] s'étaient empressées de l'admettre dans leur sein : l'une d'elles, celle de Statistique de Marseille, lui avait, l'an dernier [2], décerné une mention honorable, pour diverses communications. Il appartenait à notre compagnie depuis le 11 mai 1846, et vous savez avec quel plaisir et quelle exactitude il assistait à nos séances et prenait part à nos travaux. A diverses reprises, il avait contribué à les animer par des lectures ou des communications. Les envois nombreux qui lui étaient adressés, l'avaient porté à faire connaître les espèces de Coléoptères qui lui semblaient inédites. Ses diverses productions, réunies dans un premier cahier, sous le titre d'*Etudes entomologiques* n'étaient sans doute qu'un prélude à des travaux plus sérieux ; mais ces études devaient s'arrêter là !

En vous rappelant ses excursions au Mont-Pilat, il vous disait naguères : « quand, joyeux, je parcours ces montagnes, « jetant aux échos une bruyante ritournelle, il est un lieu « sauvage où ému je m'arrête ; alors ma chanson devient « prière. Là, Pèdre Ormancey et moi, nous faisions autrefois « une halte au bord du torrent... Aujourd'hui la tombe nous « sépare ! » Qui nous aurait dit qu'à son tour il s'arrêterait, si jeune encore, dans le chemin de la vie?

Son absence laissera dans nos rangs un vide douloureux et difficilement rempli. Sa muse, facile et enjouée, ajoutait pres-

---

(1) Il avait été nommé correspondant : de la société de statistique de Marseille le 6 mai 1847 ; de la société Entomologique de Stettin, le 16 juillet 1855 ; membre de la société Entomologiqe de France, le 10 octobre 1855 ; correspondant de la société d'Agriculture, des Sciences, Arts et Belles-Lettres du département de l'Aube, le 15 octobre 1858.

(2) Le 26 août 1858.

(3) Voyez la notice sur ce Naturaliste. (Annales de la Soc. linn. de Lyon, nouv. série, t. 1. (1852-53) p. 77 et suiv. — MULSANT, Opuscules entom. 2e cahier, p. 101 et suiv.

que toujours un charme particulier aux plaisirs de nos fêtes annuelles. Dans la dernière, fixée à Saint-Rambert en Bugey, après une journée pleine d'émotions et de plaisirs, passée à explorer soit les bords riants de l'Albarine, soit les montagnes couvertes de bois ou de prairies, qui donnent à ce pays accidenté un aspect si pittoresque, cette muse, vous vous le rappelez encore, cette muse, dont le luth est aujourd'hui brisé, fut un des ornements du banquet joyeux, couronnement obligé de nos courses et de nos travaux.

Levrat, peu de temps après, s'était rendu au congrès entomologique tenu à Clermont. A son retour, il se plaignit d'un malaise général accompagné de fièvre ; son état paraissait n'offrir à son médecin aucune crainte sérieuse. Toutefois, malgré cette apparence trompeuse, une voix intérieure semblait lui annoncer la fin prochaine de son existence. Quelques jours après, il demanda à embrasser son jeune fils, le serra affectueusement dans ses bras affaiblis, et tournant sur lui ses yeux humides, pria de l'emmener à la campagne, pour lui épargner, vers ses derniers moments, le déchirement d'une séparation si cruelle.

Ces tristes pressentiments ne devaient que trop se réaliser : le 23, son état devenu plus grave, le força à s'aliter ; la maladie avait pris le caractère d'une fièvre typhoïde. Le vendredi, 26, dans l'après midi, il fut pris d'un accès pernicieux avec délire. Revenu à lui, il appela à son aide les secours de la religion, à la voix de laquelle il avait toujours été si docile. Le samedi, 27, à onze heures du soir, il éprouva un second accès qu'il n'eut plus la force de supporter ; à deux heures du matin il expirait au milieu des parents éplorés qui l'entouraient de leurs soins !

Il y a cinq ans, dans ses souvenirs du Mont-Pilat, il exprimait le vœu de mourir ignoré comme la violette qui parfume les hauteurs de cette montagne célèbre, et de pouvoir, aussi pur, exhaler un jour son dernier soupir au sein de Dieu... Mais le premier de ses désirs ne sera pas réalisé : il n'aura pas passé complètement ignoré sur la terre; il aura laissé quelques traces dans les annales de la science, et des souvenirs vivaces dans le cœur de ses amis.

On a de lui :

1 De l'utilité de la science entomologique.

(Mémoire lu à la Société linnéenne de Lyon, en juin 1856. — Annales de la Soc. linn. de Lyon, (1845-1846) p. 16. — LEVRAT, Etudes entom. 1er cah. p. 1-8).

2° Causes de la détérioration chez les Coléoptères.

(Mémoire lu à la Soc. linn. de Lyon, le 9 novembre 1846. — Annales de la Soc. linn. de Lyon (1847-1849), p. 218-220. — LEVRAT, Etudes entom. 1er cah, p. 57-60.).

3° Description d'une nouvelle espèce de *Pimelia*, (lue à la Soc. linn. de Lyon, le 5 avril 1853. (Ann. de la Soc. linn. de Lyon, nouv. série, t. 1, p. 1, pl. 1. — LEVRAT, Etudes entom. 1er cah. p. 19-20).

4° Strophes chantées au banquet de la Société linnéenne de Lyon, le 28 décembre 1852.

(LEVRAT, Etudes entom. 1er cah. p. 21-24).

5° Emploi de l'éther comme moyen de dissolution de l'oléine transsudante, chez les insectes.

(Mémoire lu à la Soc. linn. de Lyon le 2 avril 1854. — LEVRAT, Etudes entom. 1er cah. p. 61-64).

6° Souvenirs du Mont-Pilat.

(Mémoire lu à la Soc. linn. de Lyon. le 10 juillet 1851.—Levrat, Etudes entom. 1er cah. p. 9-18).

7° Note pour servir à l'histoire du *Dryops femorata*.

(Mémoire lu à la Soc. linn. de Lyon. le 10 novembre 1856, — Voy. Ann. de la Soc. entom. de Fr. Bulletin du 14 novembre 1856, —Levrat. Etudes entom. 1er cah. p. 47-55.)

8° Description de trois Coléoptères nouveaux.

(*Argutor siculus*, *Telephorus puncticollis*, *Gibbium Boieldieui*. Luc à la Soc. linn. de Lyon, le 12 avril 1857,— Ann. de la Soc. linn. de Lyon, nouv. série t. 4. (1857,) p. 417 et suiv. — Levrat, Etudes entom. 1er cah. p 25-28).

9° Enumération des Insectes coléoptères du Mont-Pilat, *Lyon*, 1858, in-8°.

(Levrat, Etudes entom. 1er cah. p. 65-100).

10° Description d'une espèce nouvelle du genre *Pœcilus*, (*Pœcilus vicinus*).

(Luc à la Soc. linn. de Lyon, le 11 janvier, 1858.—Ann. de la Soc. linn. de Lyon, nouvelle série, t. 5, (1858,) p. 1-2.— Levrat, Etudes entom. 1er cah. p. 29-30).

11° Description de deux Coléoptères nouveaux, (*Purpuricenus Wachanrui*), et *Acmaeodera Chevrolati*).

(Lue à la Soc. linn. de Lyon, le 14 février 1859. – Ann. de la Soc. linn. de Lyon, nouv. série, t. 5 (1858), p. 261-263. — Levrat, Etudes entom. 1er cah. p. 37-40).

12° Description d'un Carabique nouveau, (*Trechus Chaudoirii*)

(Présentée à la Soc. linn. de Lyon, le 11 avril 1859— Levrat, Etude entom. 1er cah. p. 45-46).

13° Description de trois Coléoptères nouveaux, des environs de Tunis, (*Telephorus Massurae*, *Philax tuniseus*, *Phytœcia lineaticollis*).
(LEVRAT, Etudes entom. 1er cah. p. 33-36).

14° Description d'une nouvelle espèce du genre *Pimelia*; (*Pimelia rugosicollis*.)
(LEVRAT, Etudes entom. 1er cah. p. 41-42).

La lettre écrite par M. le maire de l'Albergement-de-Varey (Ain), à Levrat, au sujet de la loterie organisée par ses soins, est trop honorable et trop touchante pour ne pas être reproduite ; la voici :

Monsieur,

Au nom du conseil municipal de l'Albergement-de-Varey et de tous mes administrés, j'ose vous adresser mes très-humbles remercîments, pour le zèle ardent et désintéressé que vous avez bien voulu déployer en faveur de notre pauvre église.

Touché de notre indigence, et sans autre motif que la gloire de Dieu et votre ardent amour pour le bien, vous n'avez pas craint, pendant près d'une année, de consacrer vos loisirs et même de faire trêve à vos nombreux travaux, pour organiser, à vous seul, une loterie, dont les résultats ont été si éconds et si encourageants pour nous.

Grâces vous soient à jamais rendues, digne monsieur Levrat, pour les peines que vous vous êtes données et les nombreux sacrifices que vous vous êtes imposés si généreusement.

Notre reconnaissance et notre espoir s'accroissent encore, s'il est possible, par l'assurance que nous donne notre Pasteur, que votre libéralité envers nous n'est point encore épuisée. S'il est vrai, Monsieur, que vous considériez cette œuvre de régénération comme la vôtre, et que votre charité soit en quelque sorte inépuisable, qu'avons-nous à craindre ?

C'est donc à vous, en grande partie, que nous devons de pouvoir réaliser le vœu que nous formons depuis longtemps d'élever à la Divinité un temple digne d'elle, et assez spacieux pour permettre à tous d'entourer ses autels.

Votre nom, digne Monsieur, se mêlera à nos prières; et, dans notre impuissance de vous témoigner dignement notre reconnaissance, nous demanderons au Tout-Puissant de vous donner les biens que désire toute âme chrétienne, biens que vous ambitionnez par dessus tout.

Veuillez, Monsieur, agréer ce faible hommage de la reconnaissance du conseil municipal et de mes administrés, et recevoir l'hommage de la gratitude toute particulière de

Votre bien humble et respectueux serviteur

Le Maire de l'Albergement-de-Varey,

JOLY.

6 janvier 1858.

NOTES

POUR SERVIR

A L'HISTOIRE DES ASILIQUES

ET PARTICULIÈREMENT DES **LAPHRIES**

(INSECTES DIPTÈRES),

PAR

E. MULSANT et EUG. REVELIÈRE.

Présentée à la Société Linnéenne de Lyon, le 11 juillet 1859.

La science possède déjà quelques renseignements sur la vie évolutive de quelques-uns des insectes constituant le genre *Asile*. Frisch, le premier, a donné la figure de la larve et de la nymphe de l'*A. crabroniformis*, LINN. (1), qui se tiennent dans la terre. De Geer a donné le même séjour au jeune âge de l'*A. forcipatus*, LINN., dont il a décrit les divers états (2). M. Duméril dit également (3) que les Asiles proviennent de larves apodes qui vivent sous la terre. Les deux premiers auteurs n'ont point donné de détails sur le genre de vie de ces larves : suivant le dernier, elles tendent des embûches aux insectes (4).

Ceux que nous allons fournir sur les larves encore inconnues des *Laphries*, sembleront indiquer que tous les Asiliques, carnassiers sous leur dernière forme, le sont vrai-

(1) FRISCH, Beschreibung, etc., 3e partie, 1721, p. 35, pl. 1, tabl. VIII, fig. 1, larve; fig. 2, nymphe; fig. 3, insecte parfait; fig 4, détails.

(2) DE GEER, Mémoires, t. 6, 1776, p 236, pl. 14, fig. 5, 6, larve et détails; fig. 7, 8, nymphe; — p. 246-8, et pl. 14, fig. 9, insecte parfait.

(3) Dict. des Sc. nat., t. 3, 1816, article *Asile*, p. 207.

(4) Éléments des Sciences naturelles, 1825, t. 2, p 105.

semblablement aussi dans leur premier âge. La larve de la *L. maroccana*, FABR., vit dans des galeries creusées dans les arbres par celle du *Dicerca pisana*, dont elle fait sa proie, et celle d'une Laphrie qui nous a paru nouvelle, et à laquelle nous avons donné le nom spécifique de *meridionalis*, habite les retraites sous-corticales pratiquées par la *Lampra mirifica*, dont elle est également parasite.

Voici la description de cette dernière :

Larve apode; allongée; glabre. *Tête* engagée dans le segment prothoracique et presque réduite extérieurement aux *mandibules*. Celles-ci, contiguës à leur côté interne, dans l'état de repos; fortes; noires; cornées; représentant, réunies, une sorte de triangle trifestonné de chaque côté, rayé d'un sillon transversal au devant du feston postérieur, creusé d'un point enfoncé sur le deuxième feston. *Corps* d'un blanc de graisse; composé de douze segments; un peu plus gros et plus large sur le premier anneau, graduellement et faiblement rétréci jusqu'au troisième, subcylindrique ou presque quadrangulaire ensuite jusqu'au neuvième, faiblement rétréci ensuite : le segment prothoracique, paraissant au premier coup-d'œil former la tête avec les mandibules, mais facilement reconnaissable pour ce qu'il est, à deux stigmates, situés, un, de chaque côté, près des bords latéraux de sa surface supérieure. Ce premier segment, d'un quart ou d'un tiers plus large que long, le plus grand et surtout le plus gros; chargé de faibles granulations; convexe, mais transversalement sillonné ou déprimé près de son bord antérieur qui, par-là, est un peu relevé; assez brièvement et presque perpendiculairement déclive en devant, au-dessus des mandibules; rayé, de chaque côté, de deux sillons linéaires, longitudinaux, séparés par un espace égal à peu près à la base des mandibules : le deuxième anneau, à peine aussi grand que le quatrième, un peu plus grand que le troisième, lisse, offrant, après son bord antérieur, un léger sillon transverse, raccourci à ses extrémités : le troisième, lisse : les quatrième à neuvième, relevés chacun sur le dos, en saillie transverse, convexe, plus ou moins saillante suivant les mouvements de l'animal, et chargée à chacune de ses extrémités, d'un tubercule également un peu rétractile et destiné à favoriser les mouvements de progression de la larve : la saillie du neuvième anneau échancrée en devant : les derniers segments dépourvus de tubercules, lisses : le dixième, simple, à peine plus étroit que le précédent : le onzième, plus large que long, pourvu de deux stigmates situés chacun plus près du bord postérieur que de l'antérieur, entre la ligne médiane et le bord latéral : le douzième, un peu plus étroit, arrondi postérieurement, près d'une fois plus large que long, ordinairement un peu plus élevé que le précédent. *Dessous du corps* également d'un blanc de graisse, légèrement ridé sous les trois premiers arceaux thoraciques; munis de deux mamelons sur chacun des quatrième à neuvième arceaux.

Cette larve se trouve dans les galeries creusées par la *Lampra mirifica* et vit aux dépens de cette larve.

Nymphe allongée; glabre; d'un flave testacé. *Tête* presque semi-hémisphérique ; armée sur le front de deux fortes épines, saillantes, dirigées en avant, mais un peu incourbées ; et, plus inférieurement, de chaque côté de la ligne médiane, de deux groupes d'épines graduellement plus courtes : le premier groupe, composé de deux épines liées par leur base : la postérieure de celles-ci plus courte et bifide : le dernier groupe composé d'une épine bifide et très-courte. *Parties de la bouche* offrant dans les parties qui leur servent d'enveloppe, peu d'analogie avec celles de l'insecte parfait.

Thorax d'un tiers tiers plus long que large. *Ailes* assez étroites, situées longitudinalement de chaque côté du thorax. *Pieds* étendus longitudinalement en-dessous des ailes, c'est-à-dire entre celles-ci et la ligne médiane, avec les tarses relevés. *Abdomen* composé de neuf segments : les six premiers subcylindriques, à peu près égaux, principalement sur le dos, armés chacun, un peu après la moitié de leur longueur, d'un anneau transversal de petites dents ou de courtes épines un peu inégales, offrant de chaque côté et vers la partie médiaire du ventre des poils rigides et couchés destinés, comme les épines, à favoriser les mouvements de progression de la nymphe : le septième, garni d'un anneau de poils moins courts, rigides ou spiniformes : le huitième anneau, un peu plus étroit, garni sur le dos, un peu après le milieu de sa longueur, de chaque côté de la ligne médiane, et d'un autre rudimentaire, plus rapproché de cette ligne : le neuvième, le plus étroit, convexement déclive, armé près de son extrémité de quatre fortes épines incourbées : les deux antérieures situées chacune près du bord latéral : les deux postérieures, voisines de l'anus, plus rapprochées de la ligne médiane.

Longueur : 0,0146 à 0,0157 (6 1/2 à 7 l.)

De cette nymphe, analogue à celle des *Tipules*, est sorti l'insecte suivant :

Laphria meridionalis.

Nigra ; abdomine pilis fulvo-aureis subvestito ; halteribus flavis ; pedibus, femoribus parcius, tibiis tarsisque densius fulvo-aureo hirsutis.

♂ *Hypostomate fulvo-aureo ; mystace supra nigro, infra fulvo-aureo.*

♀ *Hypostomate albo : mystace nigro.*

Longueur : 0,0135 à 0,0157 (6 à 7 l.)

Tête noire; à barbe d'un blanc luisant (♀) ou d'un jaune roux mi-doré (♂). Tubercule frontal hérissé d'une moustache noire (♀), ou noire supérieurement et d'un jaune roux mi-doré inférieurement (♂). *Vertex* hérissé de poils noirs, parfois mêlés de poils fauves (♀), ou de poils fauves (♂). *Thorax* noir, luisant; parcimonieusement ou peu densement garni en dessus de poils mi-hérissés d'un jaune fauve; garni de chaque côté du mésothorax, près de l'origine des ailes, de quelques poils noirs et raides. *Ecusson* noir, plus sensiblement hérissé de poils d'un jaune fauve. *Ailes* subhyalines, nébuleuses et marquées de légères rides transversales sur les cellules cubitales et radiales : la cellule postérieure [1], non fermée vers le bord interne de l'aile. *Balanciers* flaves. *Abdomen* noir ou d'un noir légèrement verdâtre, luisant; hérissé latéralement de poils d'un jaune roux; presque glabre ou parcimonieusement garni de poils semblables sur le premier arceau dorsal, garni sur les suivants de poils de même couleur graduellement plus épais et mi-couchés. *Pieds* noirs; hanches antérieures hérissées de poils blancs (♀) ou d'un jaune roux (♂). *Cuisses* hérissées de longs poils d'un jaune fauve, médiocrement épais, parfois en parties obscures en dessous. *Tibias* et *tarses* plus densement hérissés de poils semblables : les tarses, revêtus sur les côtés de poils serrés d'un jaune roux mi-doré. *Pelottes* pâles. *Ongles* noirs.

Patrie : la Corse.

---

[1] Cette cellule paraît fournir de bons caractères pour la distinction des espèces des Laphria. Chez les unes, elle est ouverte; chez d'autres, fermée; chez quelques autres, fermée et appendicée.

NOTES

POUR SERVIR AUX PREMIERS ÉTATS

DE DIVERS COLÉOPTÈRES,

PAR

E. MULSANT et Eug. REVELIÈRE.

Lampra mirifica.

Larve apode ; allongée ; déprimée ; recourbée en hameçon. *Tête* courte, enchâssée dans le prothorax, d'une manière plus ou moins rétractile ; élargie en ligne presque droite, d'avant en arrière ; rayée d'un sillon longitudinal sur chacun de ses côtés ; molle et d'un blanc de graisse sur le vertex et le front, brune sur le postépistome : celui-ci ordinairement à peine aussi court ou moins court que le front sur son milieu. *Epistome* et *labre* membraneux ; blanchâtres ; étroits ; transverses ; occupant l'espace compris entre les mandibules. *Mandibules* fortes ; cornées, courtes, noires, bidentées à l'extrémité. *Mâchoires* submembraneuses ; recouvertes à la base par le menton ; formées d'un palpe maxillaire et d'un lobe : le *palpe* paraissant composé de trois articles courts, graduellement plus étroits : le *lobe*, petit, palpiforme, garni de soies, inséré au côté antéro-interne du premier article des palpes, à peine aussi longuement prolongé que le dernier article de celui-ci. *Lèvre* membraneuse ; formée d'un *menton* large, un peu échancré en devant; et d'une *languette* un peu moins large, en parallélogramme transverse. *Palpes labiaux* rudimentaires ou à peine développés, représentés chacun par un très-petit corps conique, situé près du côté externe de la languette. *Corps* allongé; recourbé en hameçon, dans l'état normal; d'un blanc de graisse; presque glabre ou garni de poils fins, courts, clairsemés et indistincts; composé de treize segments ou paraissant en avoir treize, par la division de l'anal; offrant vers le milieu du segment prothoracique sa plus grande largeur, graduellement rétréci ensuite jusqu'au bord postérieur du quatrième anneau, presque parallèle ensuite jusqu'au onzième, ou plutôt faiblement et graduellement plus large vers les septième et huitième segments, plus sensiblement rétréci sur les deux derniers que sur les neuvième à onzième, obtusément arrondi à l'extrémité : le segment prothoracique le plus grand, transverse, de deux tiers ou près d'une fois plus large dans son développement transversal le plus grand qu'il est long sur son milieu; de deux tiers ou près d'une fois plus large que le cinquième anneau, assez faiblement arqué à son bord antérieur, et en sens contraire au postérieur, élargi presque en ligne droite jusqu'à la moitié de la longueur de ses côtés, un peu plus faiblement rétréci ensuite, comme chargé d'une plaque coriace ou subcornée couvrant presque les trois quarts médiaires de sa largeur, arquée ou un peu anguleuse sur les côtés, rayée de deux lignes unies au milieu du bord antérieur, puis divergentes en ligne droite jusqu'au bord postérieur, visiblement moins distantes entre elles dans ce point qu'elles le sont chacune de l'angle postérieur de la plaque, aussi séparées entre elles, près du dit bord, que le quart au moins de la largeur de la plaque dans son développement transversal le plus grand; le segment mésothoracique presque entièrement caché par les autres ou très-réduit dans son milieu, graduellement élargi sur les côtés, à peu près égal à ceux-ci au quatrième : le segment métathoracique, un peu arqué en devant à son bord antérieur, échancré en arc ou en angle au postérieur, trois fois au moins aussi large qu'il est long sur son milieu : le quatrième segment, court, anguleux à son bord antérieur, en ligne droite au postérieur : les cinquième à douzième segments plus larges que longs, assez convexes sur les trois cinquièmes ou deux tiers médiaires de leur largeur, c'est-à-dire jusqu'au bourrelet latéral, et sur les deux tiers de leur longueur, planiuscules postérieurement : le segment anal offrant une fente longitudinale. *Dessous du corps* de la couleur du dessus : segment antépectoral chargé d'une plaque coriace ou subcornée, rayée d'une ligne longitudinale médiane, et, de chaque côté de celle-ci, d'un sillon plus large et peu profond, contiguë en devant à cette ligne, dont elle s'éloigne postérieurement. *Stigmates* au nombre de neuf paires : la première, sur la tranche latérale, près du bord antérieur du deuxième arceau : chacune des autres en dessus, près du bourrelet, snr chacun des quatrième à onzième arceaux.

Cette larve vit dans l'ormeau. Quand l'écorce est mince, elle se creuse des galeries entre l'aubier et l'écorce ; mais quand celle-ci est épaisse, elle reste dans les couches corticales. Comme les autres de ce genre, elle donne à sa galerie une direction courbe, et se rapproche de l'épiderme dans l'endroit où l'insecte doit sortir.

Cette larve est attaquée par celle de la *Laphria meridionalis* ; Muls. et Revel.

Cratomerus cyanicornis.

Larve apode ; allongée ; déprimée, recourbée en hameçon, *Tête* courte ; enchâssée dans le prothorax d'une manière plus ou moins rétractile ; élargie en ligne peu courbe d'avant en arrière ; une fois et demie environ plus large à sa partie postérieure qu'elle est longue sur son milieu : rayée de deux sillons assez légers sur chacun de ses côtés : l'un, sur la partie supérieure, l'autre sur la partie inférieure de ceux-ci ; molle ou subparcheminée et d'un blanc de graisse ou d'un blanc légèrement jaunâtre sur le vertex et sur le front ; d'un fauve brunâtre sur le postépistome : ce dernier plus ou moins rétractile sous le front. *Epistome* et *labre* membraneux ; blanchâtres ; étroits ; occupant l'espace compris entre les mandibules : l'un et l'autre courts, transverses. *Mandibules* fortes, cornées ; courtes ; noires ; obtusément bidentées à l'extrémité. *Mâchoires* submembraneuses ou subcoriaces ; recouvertes à la base par le menton ; formées d'un palpe maxillaire et d'un lobe : le *palpe* paraissant composé de trois articles courts, graduellement plus étroits : le premier paraissant constituer la seconde pièce des mâchoires : le *lobe*, petit, palpiforme, garni de soies, inséré au côté interne de la pièce qui semble être le premier article des palpes ; à peine aussi longuement prolongé que le dernier article de ceux-ci. *Lèvre* submembraneuse ; formée d'un *menton* large, un peu échancré ou en arc dirigé en arrière à son bord antérieur, rayé de deux lignes longitudinales ; et d'une languette en parallélogramme transverse, un peu plus large que longue. *Palpes labiaux* rudimentaires, représentés par un très-petit corps conique, situé près du côté externe de la languette. *Corps* allongé ; recourbé, dans l'état normal, en forme de hameçon ; d'un blanc de graisse ou légèrement jaunâtre ; garni, ainsi que la tête, de poils concolores, fins, très-courts, clairsemés, peu apparents ; composé de treize segments ou paraissant en avoir treize : l'anal semblant constituer un anneau particulier ; offrant vers le milieu du segment prothoracique sa plus grande largeur, graduellement rétréci ensuite jusqu'à l'extrémité du quatrième arceau, subparallèle et noueux jusqu'au onzième arceau ; graduellement rétréci sur les deux derniers : le segment prothoracique le plus grand, transverse, trois fois environ aussi large dans son milieu que le cinquième anneau, une fois plus large que long, faiblement arqué à son bord antérieur, en ligne à peu près droite au postérieur, comme chargé d'une plaque coriace ou subcornée, couvrant les deux tiers médiaires de sa largeur, élargie graduellement d'avant en arrière, rayée de deux lignes unies au milieu du bord antérieur, puis divergentes en ligne droite jusque près du bord postérieur, aussi distantes entre elles environ près de ce bord qu'elles le sont chacune de l'angle postérieur de la plaque sus-nommée, aussi séparées entre elles près dudit bord que le tiers de la largeur de la plaque, vers le milieu de la largeur de celle-ci : le segment métathoracique le plus court, presque uniformément court, quatre ou cinq fois aussi large que long, légèrement arqué en devant : le troisième segment ou le mésothoracique près d'une fois plus long que le deuxième, un peu arqué en devant, en angle rentrant à son bord postérieur : le quatrième, à peu près aussi long que le troisième, anguleux à son bord interne, un peu échancré en arc au postérieur : les cinquième à dixième, offrant un bourrelet latéral assez étroit, convexes entre le bourrelet, noueux, moins longs que larges, si ce n'est les septième et huitième : le treizième, sans bourrelet, obtusément conique, offrant sur sa moitié postérieure une fente anale longitudinale. ***Dessous du corps*** de la couleur du dessus : arceau antépectoral, chargé, comme le prothoracique, d'une plaque coriace, déprimée longitudinalement en arc dirigé du côté externe, près de chacun de ses bords latéraux, non rayé sur sa ligne médiane : le troisième segment chargé près de chacun de ses bords latéraux d'un tubercule arrondi : les cinquième à douzième offrant près de chaque bord latéral une ligne longitudinale enfoncée, n'atteignant ni le bord antérieur ni le postérieur. ***Stigmates*** au nombre de neuf paires : la première, au milieu du bord latéral du deuxième arceau, près du bord antérieur de celui-ci : chacune des autres paires plus petites, situées à la partie dorsale des quatrième à onzième segments, près du bourrelet latéral.

Cette larve vit dans le chêne vert.

Latipalpis pisana.

Larve apode; allongée; déprimée; recourbée en hameçon. *Tête* courte; enchâssée dans le prothorax d'une manière plus ou moins rétractile; élargie en ligne courbe d'avant en arrière; une fois et demie plus large à sa partie postérieure qu'elle est longue sur son milieu; rayée de quatre ou cinq lignes longitudinales sur chacun de ses côtés; molle et d'un blanc de graisse sur le vertex et sur le front, d'un blanc fauve graduellement obscur d'arrière en avant sur le postépistome : celui-ci, ordinairement presque aussi développé longitudinalement que le front sur son milieu. ***Epistome*** et *labre* membraneux; blanchâtres; étroits, occupant l'espace compris entre les mandibules : l'épistome plus court que le labre. ***Mandibules*** fortes, cornées, courtes, noires, obtusément bidentées à l'extrémité. ***Mâchoires*** submembraneuses; recouvertes à la base par le menton; formées d'un palpe livide, disposés par paire sous chacun des trois premiers segments ; composés chacun de quatre pièces : une hanche courte, une cuisse, pourvue d'un trochanter, à peine renflée dans son milieu, la pièce la plus longue : un tibia, un peu moins long, terminé par un ongle aigu. *Stigmates* au nombre de neuf paires : la première située près du bord antérieur du deuxième arceau : chacune des autres sur les quatrième à onzième segments.

Longueur 0,0112 (5 l.) Largeur 0,0016 (4/5 l.).

Cette larve vit sous les écorces du pin maritime.

Niphona picticornis.

Larve apode; allongée. *Tête* en majeure partie engagée dans le prothorax et d'une manière rétractile; médiocrement convexe; d'un blanc légèrement jaunâtre, avec les deux côtés du bord antérieur bruns; marquée sur la ligne médiane d'une raie ou ligne postérieurement divergente; notée, près de son bord antérieur d'une rangée transversale de points donnant chacun naissance à un poil blond. *Epistome* enclos de chaque côté par les mandibules; transverse; brun, avec le tiers longitudinalement médiaire d'un blanc roux. *Labre* flave; garni de poils blonds mi-dorés, assez épais; arqué en devant, plus large que long. *Mandibules* cornées; brunes ou d'un brun rouge à la base, noires à l'extrémité; peu arquées; tranchantes, coupées en ligne presque droite ou à peine échancrées, à l'extrémité, de manière à agir l'une contre l'autre à la manière de deux incisives. *Mâchoires* à un seul lobe, subcylindrique; cilié. *Palpes maxillaires* un peu plus longuement prolongés que les mandibules dans l'état de repos; coniques; de trois articles, graduellement rétrécis, moins longs chacun que larges. *Menton* d'un blanc sale;

long : les troisième et quatrième un peu moins courts, presque égaux : le troisième rayé d'une ligne médiane : le quatrième anguleux en devant, à son bord antérieur : les cinquième à sixième, d'un cinquième plus longs que larges : les septième à onzième de moitié ou des deux tiers plus longs que larges : le douzième un peu moins long : l'anal arrondi à son extrémité, offrant une fente longitudinale. *Dessous du corps* de la couleur du dessus : arceau antépectoral chargé comme le prothoracique d'une plaque subcornée, rayée d'une ligne longitudinale médiaire. *Stigmates* au nombre de neuf paires : la première plus grosse, située près du bord antérieur du deuxième arceau sur le bord inférieur du bourrelet latéral : les autres paires placées supérieurement près du bord latéral des chacun des quatrième à onzième anneaux.

Longueur 0,0382 à 0,0427 (17 à 19 l.)

Cette larve habite le chêne-vert ; plus rarement on la trouve dans le chêne-liége. Elle vit dans la partie morte des branches ou des troncs, voisine de celles dans lesquelles il existe encore un reste de sève. Quand elle est près de passer à l'état de nymphe, elle se rapproche de la partie extérieure de l'écorce, pour faciliter la sortie de l'insecte futur, en donnant à sa galerie une direction courbe remarquable. L'ouverture ovale que pratique l'insecte parfait, est toujours faite transversalement à la longueur des fibres, contrairement à ce qui s'observe chez les *Anthaxia*.

Cette larve est attaquée dans ses galeries par la larve de la *Laphria maroccana*, Fabr.

L'insecte parfait, dans les heures chaudes de la journée court avec agilité sur les branches des arbres, surtout sur les branches élevées, et s'envole avec promptitude au moindre danger.

Direca Revelierii.

Larve hexapode; allongée. *Tête* peu convexe ou subdéprimée; un peu plus longue que large; à peine plus large qu'elle est longue depuis sa partie postérieure jusqu'au bord antérieur du front; brune ou d'un brun rougeâtre, plus obscur à sa partie antérieure qu'à la postérieure; cornée; hérissée de poils blonds, clairsemés; rayée sur le milieu de sa partie postérieure, d'un très-court sillon, obsolètement avancé jusqu'aux trois septièmes postérieurs du front et du vertex réunis, puis divisé en deux lignes faiblement convergentes avancées jusqu'au bord postérieur de l'épistome : du court sillon précité, naissent non loin du bord postérieur deux autres lignes très-divergentes, aboutissant chacune à la base des antennes; notée en devant d'une ligne longitudinale assez courte ou d'un étroit sillon entre chacune des lignes fortement convergentes et celles qui le sont faiblement; un peu échancrée en arc dirigé en arrière, au bord antérieur du front. *Epistome* en parallélogramme un peu plus large que long, enclos entre la base des mandibules. *Labre* un peu plus court que l'épistome; transverse, un peu échancré et cilié en devant. *Mandibules* cornées; noires; très-arquées dans leur moitié antérieure; terminées en pointe. *Mâchoires* subcoriaces; à un seul lobe assez petit, un peu moins longuement prolongé que le deuxième article des palpes maxillaires; garni de poils subspinosules ou rigides à son côté interne. *Palpes maxillaires* plus avancées que les mandibules dans l'état de repos; graduellement rétrécis d'arrière en avant; à dernier article conique. *Menton* parallèle; plus long que large. *Languette* pourvue de deux palpes labiaux, de deux articles : le dernier grêle, faiblement conique, plus long que le premier. *Antennes* à peine plus longuement prolongées que les mandibules dans l'état de repos ; de quatre articles : le premier le plus gros, moins long que large : le deuxième un peu moins large, subparallèle, aussi long que large : le troisième un peu plus étroit que le précédent ; moins long que large, terminé par deux soies : le quatrième grêle, subconique, terminé par deux soies. *Occelles* paraissant représentés par trois petits points faiblement tuberculeux, transversalement situés derrière la base des antennes. *Corps* composé de douze anneaux ; médiocrement convexe sur le prothoracique, graduellement plus convexe et presque semi-cylindrique sur les autres ; subparallèle ou progressivement à peine plus large jusqu'au neuvième segment, faiblement rétréci ensuite ; garni de poils roussâtres assez longs, mi-hérissés, flexibles, peu épais ; voûté à partir du deuxième arceau jusqu'au huitième, déclive ensuite : le segment prothoracique, plus lisse, aussi grand que la tête, depuis sa partie postérieure jusqu'à la base des antennes ; brun ou d'un brun roussâtre, avec le bord antérieur plus clair : les deuxième et troisième à peu près égaux ; d'un roux pâle ou rosat, parés l'un et l'autre de chaque côté de la ligne médiane, d'une tache d'un roux brunâtre, presque en triangle dont la base regarde la ligne médiane : les quatrième à onzième anneaux, d'un roux pâle ou rosat, sans taches : le douzième, de même couleur en devant et sur les côtés, lisse, subcorné et d'un brun roussâtre sur le reste : cette partie subcornée, creusée d'un sillon médiaire et terminée par deux cornes brunes, mi-relevées, un peu courbées en dehors : ce douzième segment muni en dessous d'un mamelon en partie rétractile, servant à la progression. *Dessous du corps* d'un roux rosat, comme le dessus ; garni de poils concolores, peu épais. *Dessous* de la tête brun. *Antepectus* muni d'un sternum en carène obtuse. *Pieds* médiocres ; subcomprimés ; d'un flave maxillaire et d'un lobe : le *palpe*, paraissant composé de trois articles courts, graduellement plus étroits : le *lobe*, petit, palpiforme, garni de soies, inséré au côté antéro-interne du premier article du palpe, à peine aussi longuement prolongé que le dernier article de celui-ci. *Lèvre* membraneuse; formée d'un *menton* large, un peu échancré en devant, rayé de deux lignes longitudinales submédiaires; et d'une *languette* en parallélogramme transverse, un peu saillante dans le milieu de son bord antérieur. *Palpes labiaux* rudimentaires ou à peine développés, représentés chacun par un très-petit corps conique, situé près du côté externe de la languette. *Corps* allongé; recourbé en forme de hameçon; d'un blanc pe graisse; garni sur les côtés de poils courts, concolores, fins, clairsemés et peu apparents; composé de treize segments, ou paraissant en avoir treize : l'anal semblant constituer un anneau particulier; offrant vers le milieu du segment prothoracique sa plus grande largeur, graduellement rétréci ensuite jusqu'à l'extrémité du troisième anneau, subparallèle ensuite jusqu'au dixième, faiblement rétréci ensuite, subarrondi à l'extrémité : le segment prothoracique le plus grand, en ovale transverse, une fois plus large dans son milieu que le cinquième anneau, une fois plus large que long, arqué en devant, à son bord antérieur, comme chargé d'une plaque subcornée, couvrant la majeure partie de sa largeur, offrant vers la moitié de la longueur du segment sa plus grande largeur, rétrécie ensuite jusqu'à ses angles postérieurs, rayée de deux lignes unies au milieu du bord antérieur, puis divergentes en ligne droite jusqu'à son bord postérieur, un peu plus séparées entre elles dans ce point qu'elles ne le sont chacune des angles postérieurs de la plaque, séparées entre elles d'une distance égale environ au quart de la plaqne dans sa plus grande largeur : le deuxième segment ou le mésothoracique, le plus court, trois fois aussi large que submembraneux ou subcoriace; court; transverse. *Languette* aussi longue que large, presque carrée, d'un blanc sale, garnie de poils concolores; portant à sa base deux *palpes labiaux* courts; coniques; de deux articles, à peine plus longs chacun qu'ils sont larges. *Antennes* situées en dehors de la base des mandibules; très-courtes, peu apparentes; coniques; de quatre articles : les trois premiers plus larges que longs; le dernier plus grèle, à peine aussi long que large. *Occelles* paraissant représentés par un point noir, situé un peu en dehors des mandibules. *Corps* mou; composé de douze anneaux; muni d'un bourrelet de chaque côté; offrant sa plus grande largeur dans la partie postérieure du prothoracique, graduellement rétréci jusqu'au troisième ou quatrième arceau, subcylindrique jusqu'au dixième anneau ou à peine renflé sur les neuvième et dixième, et graduellement rétréci ensuite; d'un blanc de graisse; hérissé de poils flexibles, fins et assez clairsemés, peu apparents : l'anneau prothoracique plus grand que la tête, moins long cependant que large; relevé d'avant en arrière; d'un blanc jaunâtre dans sa moitié antérieure, d'un blanc de graisse postérieurement : les deuxième et troisième courts : les troisième à dixième garnis chacun sur le dos de deux petites rangées transversales de points faiblement tuberculeux, couronnant un mamelon très-faible sur le quatrième arceau, mais graduellement plus saillant jusqu'au neuvième ou dixième : le onzième, dépourvu de mamelon : le douzième arrondi postérieurement, pourvu d'une sorte de rebord, en dessous à la partie postérieure duquel semble exister une sorte de mamelon. *Dessous du corps* de la couleur du dessus; garni de poils flexibles et clairsemés; muni sur le segment représentant l'antépectus d'une sorte de mamelon ou de tubercule large et à peine saillant; garni sur les deuxième, troisième et quatrième arceaux de rides séparant les points tuberculeux disposés sur deux rangées qui deviennent plus évidentes et les points tuberculeux plus marqués sur les arceaux suivants jusqu'au dixième : ces points couronnant comme en dessus des mamelons graduellement plus saillants du cinquième au dixième arceau. *Pieds* nuls ; remplacés par les mamelons précités. *Stigmates* roussâtres ; au nombre de neuf paires ; situées en dessus du bourrelet latéral : la première, moins petite, placée vers le bord postérieur du premier arceau : les autres sur chacun des quatrième à onzième arceaux.

Long. 0,0155 à 0,0247 (7 à 11 l.)

Cette larve vit principalement dans le figuier, dans le lentisque, mais aussi dans le chêne-vert et dans l'ormeau.

Elle creuse des galeries cylindriques dans les branches de ces arbres. Celles qui se trouvent dans le figuier, attaquent presque exclusivement ou principalement la moelle. Quand cette larve veut se transformer en nymphe, elle élargit sa galerie et se prépare une retraite dans laquelle elle subit sa seconde métamorphose.

Lith. de Th. Lépagnez, Imprimeur à Lyon.

LOUIS HASSE

NÉGOCIANT & NATURALISTE.

Né à Lyon le 26 novembre 1807, mort dans la même ville le 8 août 1859.

NOTICE

SUR

LOUIS HASSE,

PAR

E. MULSANT.

L'année 1859 laissera dans nos annales une large trace funèbre. Jamais la mort, depuis la fondation de notre Compagnie, ne s'était montrée si acharnée à éclaircir nos rangs. Dans l'une de nos dernières séances, je vous rappelais la mémoire de l'un de nos linnéens emporté dans les plus belles années de la jeunesse [1]; aujourd'hui j'ai à vous entretenir d'un ami non moins regrettable et non moins regretté, enlevé aussi inopinément dans toute la force de l'âge.

Louis Hasse naquit à Lyon le 26 novembre 1807. Son père, Jean-Frédéric Hasse, originaire de la petite ville de Plauen, en Saxe, appartenait à une nombreuse et très-ancienne famille. Parmi les membres dont elle se composait, les uns se livraient, héréditairement et depuis longtemps, au commerce de la pelleterie ; divers autres avaient occupé d'honorables emplois civils, ou s'étaient adonnés soit à l'étude de la théologie, soit à la pratique de la médecine.

---

[1] Voyez la notice sur J.-N-B.-G. Levrat (Ann. soc. linn., t. 6 (1859), p. 109-118. — Mulsant, *Opuscules*, 11e cah., p. 69-80.

Vers le commencement de ce siècle, Jean-Frédéric vint se fixer à Lyon ; peu de temps après, il y épousa Mlle Elisabeth Gauthier, dont il eut deux enfants, *Louis*, objet particulier de cette notice, et *Marie*, sa sœur, devenue plus tard Mme Gathier, la compagne constante de ses travaux.

Jean-Frédéric Hasse fut donc, dans notre ville, le fondateur et l'organisateur de la maison de pelleterie à laquelle son nom est resté attaché, maison qu'il sut élever au rang de l'une des plus recommandables en ce genre. La belle fortune laissée à ses enfants, après quarante ans de travail et d'économie, suffit pour témoigner de son intelligence et de son activité.

Le jeune Louis fut de bonne heure imbu des principes d'ordre et d'amour du travail dont il avait sans cesse l'application sous les yeux ; il reçut une de ces éducations pratiques et positives, si appréciées dans le monde des affaires.

Son instruction, commencée dans l'un des pensionnats de notre ville, s'acheva en Allemagne. Il y fut envoyé à l'âge de douze à treize ans, pour y apprendre la langue de ses pères et s'y former au commerce. Doué d'une intelligence remarquable, d'un caractère froid et réfléchi, d'un esprit studieux et avide de s'instruire, il se trouva naturellement disposé à se prêter aux tendances imprimées par la volonté ferme de son père, et à répondre d'une manière admirable à toutes les espérances de celui-ci. Il revint à Lyon, enrichi de connaissances spéciales, ayant une grande aptitude pour les affaires, et sachant parler et écrire avec facilité les principales langues de l'Europe.

Le goût commercial s'était développé chez lui avec tous les caractères d'une passion, dès ces années de l'adolescence où le plaisir nous offre parfois des attraits si séduisants ; il lui dut d'échapper aux entraînements dangereux qui souvent nous portent sur des écueils, ou nous font faire si fausse route, à cet âge. Attaché à une seule règle, celle du devoir, animé d'un seul désir, celui de réussir, il devint bientôt pour son père l'auxiliaire le plus intelligent, et il est inutile d'ajouter, le plus dévoué; il l'accompagnait périodiquement aux deux grandes foires de Leipzig, du printemps et de l'automne. La première, dite *jubilate*, commence, comme on le sait, huit jours après Pâques; la seconde, ou celle de la Saint-Michel, s'ouvre le 20 septembre : toutes les deux durent trois semaines. Pendant chacune de ces époques, où la ville saxonne sert d'entrepôt aux produits de royaumes nombreux, et de rendez-vous aux négociants des diverses parties du monde, le commerce des fourrures s'y pratique sur une large échelle. La facilité de Louis à s'expliquer avec la plupart des étrangers dans leur langue natale, ne manquait pas de servir les intérêts de son père; et quand la mort de celui-ci (1) le plaça, à vingt-quatre ans, à la tête des affaires, il était négociant consommé, et il le prouva bientôt en faisant grandir sa maison, et en lui donnant, sur le marché allemand, une réputation plus étendue qu'à Lyon, siége de son commerce.

Louis Hasse avait en effet non-seulement le goût, mais encore le génie de son état. Nul ne possédait peut-être à un si haut degré cette finesse de coup-d'œil, dont l'exercice le plus long ne peut faire acquérir la perfection, quand on n'a pas reçu de la nature certain don particulier, qu'elle accorde à peu de privilégiés. Il passait en Europe pour l'un des connaisseurs les plus habiles. A la beauté du poil, à la finesse et au moelleux de la bourre, qui font varier d'une manière si sensible la valeur des fourrures, jusque chez les mammifères de la même espèce, il savait indiquer, avec une exactitude ou

(1) Jean-Frédéric Hasse, né à Plauen le 18 avril 1767, est mort à Lyon le 13 mai 1832.

une approximation étonnante, le degré de latitude sous lequel l'animal avait vécu.

Entouré de l'estime dont on se plaît à honorer l'homme qui sait joindre, à des talents supérieurs, cette droiture et ces qualités du cœur et de l'esprit, sans lesquelles l'habileté dans les affaires serait sans prix ; chef d'un commerce florissant ; comblé, dans son intérieur, des soins et de l'affection d'une sœur, la confidente de ses pensées et l'associée de ses travaux, Hasse passa ainsi quelques années, sans songer à apporter aucun changement à cette heureuse position. Bientôt il désira unir ses destinées à une compagne capable de les embellir, et, le 26 mai 1839, il épousait Mlle Louise Seriziat-Carrichon, appartenant à l'une des familles les plus honorablement connues de notre ville (1). Inutile d'ajouter combien il eut à se féliciter des liens qu'il venait de former ; il trouvait dans cette alliance les vertus et la considération unies aux talents ; et lui-même possédait toutes les qualités désirables dans le meilleur des époux. Son mariage fut un modèle d'union et d'harmonie.

L'année suivante, sa sœur imitait son exemple et épousait M. Jacques-César Gathier (2).

Ces deux événements donnèrent, s'il était possible, un nouvel essor à son activité. A partir de cette époque, ou peu de

---

(1) M. Pierre-Seriziat-Carrichon, père de Mlle Louise, ancien juge au tribunal de commerce, était alors membre du conseil municipal et l'un des adjoints au maire de Lyon, l'un des directeurs de la caisse d'épargne, l'un des administrateurs des bureaux de bienfaisanee.

(2) A partir de cette époque, M. Gathier partagea à peu près l'existence de M. Hasse, jusqu'au mois de juin 1855, époque à laquelle, condamné au repos par son état maladif, il se fit remplacer par son neveu M. E. Gathier, qui sut bientôt, par ses qualités personnelles et son intelligence dans les affaires, conquérir et mériter la confiance et l'amitié de M. Hasse, dont il semblait devoir être le successeur.

temps après, il ajouta à ses voyages périodiques celui de Londres ; chaque année, au commencement de mars, il allait y assister à la vente aux enchères des fourrures recueillies par la Compagnie anglaise de la baie d'Hudson, dans le Haut-Canada.

Hasse ne se bornait pas à s'occuper, dans l'intérêt de son commerce, des mammifères dont les dépouilles sont utilisées dans le commerce de la pelleterie ; il étudiait en naturaliste les mœurs et les habitudes de ces animaux. A ce titre, il fut admis, le 14 juillet 1856, dans la Société linnéenne, à la prospérité de laquelle il prenait un vif intérêt.

Il avait composé, pour l'instruction de ses employés, un mémoire sur la fourrure du Renard, et sur les qualités diverses que présente, suivant les saisons, la peau de ce carnassier. Ce travail décelait sans peine la finesse de ses observations ; il m'avait permis d'en donner un extrait dans mon Traité de Zoologie ([1]). Il avait même eu la bonté de me donner toutes les notes relatives à la pelleterie, insérées dans cet ouvrage élémentaire, et sa modestie m'avait forcé à taire le nom de la main complaisante à laquelle je devais ces renseignements précieux.

Animé d'un esprit élevé et ami du progrès, il n'avait jamais pu comprendre les idées étroites et égoïstes de certaines personnes qui, dans la crainte de nuire à leur commerce, en initiant les autres à des connaissances spéciales, répondent par des données fausses ou erronées aux renseignements généraux qui leur sont demandés : « L'industrie, disait-il, ne « doit point avoir de secrets pour la science, quand celle-ci « doit répandre les lumières au profit de tous. »

---

(1) *Cours élémentaire d'Histoire naturelle*, contenant les applications de cette science aux diverses connaissances utiles. (Zoologie), *Paris*. in-8°, fig.

Assuré d'obtenir à la fin de chaque année des bénéfices capables de le récompenser de ses travaux, il visait peu à leur voir atteindre le chiffre le plus élevé ; son âme était trop noble pour ne voir que le gain dans le résultat des affaires. Amoureux de son état, il s'y livrait avec des goûts artistiques ; il tenait à avoir les fourrures les plus riches et les plus recherchées ; souvent il sacrifiait des avantages certains à des fantaisies du métier. Comme négociant, il sut continuer et accroître peut-être encore la réputation de confiance et de loyauté acquise par son père. Sa délicatesse trop scrupuleuse s'exagéra même souvent certains principes commerciaux étrangers, dont il était admirateur, et lui fit dédaigner, comme indignes d'une maison réputée, des opérations commerciales très-licites.

Tout entier à ses affaires, il était de très-bonne heure à son comptoir ou dans ses ateliers qu'il dirigeait lui-même ; il n'avait pas besoin d'y prêcher par ses paroles l'amour du travail ; tous ceux qui l'entouraient s'y sentaient naturellement portés par son exemple. Jamais aucun de ses employés n'eut à se plaindre d'une parole de rudesse ou d'une injustice ; aussi voyaient-ils moins en lui un maître qu'un protecteur et un père. Plusieurs lui doivent la modeste aisance à laquelle ils sont arrivés. De là, l'épithète bien connue de *maison du bon Dieu*, donnée par ses ouvriers à sa maison de commerce, en raison des relations si paternelles qu'il savait entretenir avec eux, relations non moins honorables pour l'homme que pour le négociant. D'une générosité instinctive envers toutes les infortunes, il soutenait une foule d'œuvres de bienfaisance, et s'associait volontiers à toutes celles qui étaient utiles.

Hasse avait la taille moyenne, l'œil plein de finesse et de douceur, la figure naturellement grave et réfléchie ; elle prenait même un air sévère en face des affaires, ou dans les questions délicates et sérieuses sur lesquelles on lui demandait conseil. Les personnes n'ayant avec lui que des relations commerciales, auraient pu se méprendre sur le fond de son caractère. Pour apprécier les excellentes qualités de son cœur, il fallait le voir dans cet heureux état de liberté que donne l'oubli des affaires; sa figure alors s'épanouissait et prenait une aimable expression de bonté; il savait animer la conversation par des propos enjoués ou spirituels. Sévère envers lui seul, il était d'une indulgence extrême pour les opinions ou les erreurs des autres; sa bouche ne laissait jamais échapper, et son oreille ne pouvait entendre, des paroles propres à blesser la moindre personne.

Peu répandu dans le monde, où il aurait occupé une place fort honorable, il cherchait un bonheur plus tranquille et plus assuré dans les joies de la famille et dans le cercle d'un petit nombre d'amis. Durant les beaux jours, il passait tous les dimanches au sein de ces réunions intimes, dans sa charmante villa de Saint-Didier, sur ces collines voisines de la ville, que la fertilité du sol, la pureté de l'air, la richesse de la végétation, ont fait à juste titre surnommer les *Monts d'or*. De son manoir et de ses jardins embellis par ses soins, la vue s'étend sur le panorama le plus varié et domine un horizon étendu, borné par la chaîne des Alpes.

En dehors des déplacements périodiques qui, chaque année, dans l'intérêt de son commerce, poussaient Hasse soit à Leipzig, soit à Londres, il fut un des voyageurs les plus intrépides de notre ville. Peut-être se livra-t-il à ces pérégrinations fréquentes, pour échapper plus facilement aux poursuites d'une déception qui, seule, l'empêcha de jouir ici-bas d'un bonheur parfait : l'ennui de ne point avoir d'enfants.

Il avait visité les Pays-Bas, la Belgique, les magnifiques bords du Rhin, les diverses principautés de l'Allemagne jusqu'à l'Autriche et la Hongrie; plusieurs fois il avait parcouru la Suisse, le Piémont et le reste du nord de l'Italie, jusqu'à Venise; il avait traversé ce beau pays jusqu'à Naples ; stationné dans ses principales villes, pour admirer ses monuments et les richesses artistiques de ses musées ; il avait surtout donné une attention plus particulière à Rome, cette ville éternelle, où il avait eu l'honneur d'une audience particulière du Souverain-Pontife. Enfin, en 1857, il avait poussé une pointe jusqu'à Madrid et jusqu'à l'Escurial. Il se proposait, en dernier lieu, de traverser l'Océan, pour connaître les Etats-Unis ; sa santé déjà altérée et ses occupations l'arrêtèrent dans ses desseins.

Hasse, dans toutes ses courses, recueillait des notes qu'il espérait un jour mettre en ordre, pour rendre moins fugitif, dans sa mémoire, le souvenir des lieux qu'il avait parcourus, des beautés qu'il avait admirées ; le temps lui a manqué pour réaliser ce projet.

Dans ses voyages en Angleterre, il avait étudié les procédés employés dans ce pays pour faire rendre au sol des produits plus abondants ; il se proposait, en se retirant un jour des affaires, de faire profiter son pays des améliorations utiles à y introduire. Il s'était beaucoup occupé de la question du drainage, et, dans les comices agricoles du département de l'Ain, dont il faisait partie, il avait été l'un des plus ardents propagateurs de son emploi ; il s'était empressé de l'appliquer lui-même, sur une grande échelle, dans l'une de ses propriétés de la Bresse, pour entraîner ses voisins à suivre son exemple.

En Allemagne, il avait admiré, dans les fermes-modèles, les soins employés pour améliorer l'état sanitaire et la laine des moutons ; il avait conçu le projet d'élever une école semblable, dirigée par un berger saxon ; mais entraîné par les affaires, dont il n'a jamais voulu déposer le fardeau, tous ses desseins sont restés à l'état de rêve.

Son commerce, par lequel il croyait pouvoir se survivre, et avec lequel il s'était si complètement identifié, absorbait ses pensées et son temps. Le désir d'accroître ses richesses n'était pourtant pas son mobile ; privé d'enfants, quel stimulant pouvait l'exciter à augmenter une fortune magnifique, dont il ne pouvait pas dépenser les revenus? mais le travail et l'activité semblaient nécessaires à sa vie.

Souvent ses parents et ses amis lui avaient conseillé de resserrer le cercle de ses relations, de restreindre son commerce étendu dans les deux mondes ; on ne put jamais obtenir de lui voir modifier un genre de vie qui semblait devenu pour lui une seconde nature. Et pourtant, cette activité trop dévorante devait hâter la fin de son existence ! et quand déjà se développaient dans son sein les germes d'un mal mortel, on lui commandait le repos, on ne put jamais le résoudre à ce sacrifice. « La roue, disait-il, à laquelle je suis attaché, a un « mouvement trop rapide ; en voulant l'arrêter, on s'exposerait « à périr. » Et, pour endormir ses douleurs naissantes, il se livrait avec une ardeur nouvelle à ses occupations captivantes, comme s'il eût prévu que le temps lui manquerait pour organiser le projet qu'il s'était plu à nourrir. Le mal, dont le repos aurait pu ralentir la marche, fit, sous l'influence de cette ardeur fiévreuse, des progrès effrayants. Vaincu par la douleur, il se rendit aux eaux d'Evian, pour trouver du soulagement à ses souffrances gastriques. Il était malheureusement trop tard ; il avait, au pylore, un squire déjà très-développé. A peine était-il depuis quatre jours dans ce lieu de bains, si favorable à la santé de tant d'autres, qu'il lui fallut revenir à Lyon. Le dimanche, 7 août, après une journée assez calme passée en famille, et pendant laquelle il avait eu la force de se livrer à une petite promenade, il ressentit, vers le soir, de plus violentes douleurs ; la nuit fut horriblement pénible, et, malgré les soins les plus dévoués de son médecin et de ses proches, le lundi, vers les six heures du matin, il exhalait son dernier soupir !

La mort si douce de sa sœur ([1]), celle si éminemment chrétienne de son beau-frère ([2]), enlevés à ses affections depuis quelques années, l'avaient fait méditer sérieusement sur les vérités éternelles, qui seules peuvent rendre moins effrayant ce terrible passage ; il s'était préparé à ce moment suprême, en ravivant sa foi, et en appelant à son aide les secours et les consolations d'une religion qui nous montre, au-delà du temps, la félicité éternelle promise à ceux qui auront vécu chrétiennement sur la terre. Dans toute sa connaissance, jusqu'au dénoûment fatal, il vit venir sa fin avec le calme et la résignation du sage ; il fit généreusement à Dieu le sacrifice de son existence, et celui, plus douloureux sans doute, des objets de ses affections, et surtout de l'amie qui, depuis vingt ans, était la douce compagne de sa vie.

Par un testament olographe, en date du 11 janvier 1855, il avait réglé les droits à sa succession. Le désir si naturel de se survivre au-delà du tombeau, ce désir qui semble une des preuves les plus saisissantes de l'immortalité de notre âme, avait inspiré ses dispositions. Privé d'héritier direct, il avait partagé sa fortune entre son épouse chérie et son commerce, espèce d'enfant d'adoption, ce fils en quelque sorte de ses œuvres, qui devait porter son nom et perpétuer son souvenir.

Des lacunes ou des ambiguités dans la rédaction empêcheront peut-être l'accomplissement de ses vœux, la réalisation de ses espérances ; mais qu'importe ? Le temps, dont la faux impitoyable se plaît sans cesse à détruire les monuments des

---

([1]) Décédée le 25 novembre 1854.
([2]) Mort le 4 mai 1855.

hommes, le temps, un peu plus tôt, un peu plus tard, aurait fait crouler l'édifice que lui-même avait sans doute contribué à élever; il aurait jeté, avec tant d'autres, le nom du fondateur dans le gouffre de l'oubli. Hasse a laissé des souvenirs plus touchants dans la mémoire des pauvres; des regrets plus précieux dans le cœur de ceux qui l'ont connu; il s'est préparé surtout, dans les demeures éternelles, des récompenses plus magnifiques et plus durables, par les vertus dont il a donné l'exemple, et par le bien qu'il a fait.

DESCRIPTION

D'UN

COLÉOPTÈRE NOUVEAU

DE LA TRIBU DES LONGICORNES,

PAR

E. MULSANT.

(Lue à l'Académie des Sciences, Belle-Lettres et Arts de Lyon, le 14 août 1849.)

Clytus lama.

Corps subcylindrique. Prothorax subglobuleux, noir, paré d'une bordure d'un duvet jaune au bord antérieur et à la base : la première entière : la basilaire interrompue dans sa moitié médiaire. Elytres revêtues d'un duvet noir, velouté ; ornées chacune d'une ligne subhumérale, obliquement subtransversale, courte, et de trois bandes, d'un duvet jaune : la première, courbée des deux cinquièmes externes vers le cinquième de la suture : la deuxième, vers les deux tiers, un peu arquée, recourbée en devant, près du bord externe : la troisième, terminale. Aucune tache jaune près des hanches de devant.

Long. 0,0101 à 0,135 (4 1/2 à 6 l.) Largeur 0,0033 à 0,0039 (1 1/2 à 1 3/4 l.)

Corps subcylindrique. *Tête* noire, rugueusement ponctuée ; rayée sur le milieu du front d'nne ligne longitudinale ; hérissée, de chaque côté de celui-ci, de poils peu épais, d'un blanc cendré. *Antennes* à peine plus longuement prolongées que la moitié du corps ; graduellement et faiblement renflées, à partir du troisième article ; entièrement ferrugineuses ou d'un roux testacé, plus ou moins foncé. *Palpes* de même couleur. *Prothorax* subglobuleux ; légèrement en arc à son bord antérieur, tronqué à la base; très-étroitement rebordé en devant et en arrière; arqué sur les côtés, mais un peu plus étroit près de la base que du bord antérieur; convexe; ponctué d'une manière sensiblement chagrinée; parcimonieusement hérissé de poils cendrés, peu apparents et parfois en partie usés; noir, paré de deux bandes d'un duvet jaune : l'antérieure, entière, servant de bordure à la partie antérieure : l'autre, située à la base, interrompue dans sa moitié médiaire, environ. *Ecusson* en demi-cercle; noir, velouté de jaune, dans sa moitié postérieure ou un peu plus. *Elytres* d'un tiers plus larges que le prothorax à sa base; plus larges que celui-ci dans son milieu; deux fois et demie à trois fois aussi longues que lui; subparallèles, légèrement rétrécies en dessous des épaules, graduellement et plus sensiblement dans leur dernier tiers; obliquement coupées de l'angle postéro-externe à l'angle sutural; médiocrement convexes sur le dos, convexement déclives sur les côtés, creusées d'une fossette humérale; revêtues d'un duvet noir et velouté; ornées chacune d'une ligne jaune, courte, naissant derrière le calus huméral, transversalement et obliquement dirigée de dehors en dedans, et d'avant en arrière, jusqu'au tiers ou presque au quart interne de la longueur; parée de trois bandes également jaunes : la première, naissant près du bord externe, vers les deux cinquièmes de la longueur, dirigée en se recourbant vers la suture, sur laquelle elle se termine vers le cinquième de la longueur : la deuxième, située vers les deux tiers ou un peu plus, formant avec sa pareille une bande un peu arquée, plus développée en longueur vers la suture, plus grêle et recourbée en devant près du bord externe qu'elle n'atteint pas; la troisième, servant de bordure à la troncature apicale. *Dessous du corps* noir; ponctué; peu densement hérissé de poils d'un gris jaunâtre; orné d'une tache oblique sur les épimères du *medipectus*, d'une bande sur les côtés du postpectus, liée à angle droit avec une ligne ou bande plus grêle, située au devant des hanches postérieures : tous ces signes formés d'un duvet jaune; marqué sur le ventre, au bord postérieur de chaque arceau, d'une bande de même nature, rétrécie dans son milieu. *Pieds* grêles, allongés : cuisses en massue graduellement moins forte des antérieures aux postérieures; noirâtres : les intermédiaires et postérieures rousses ou d'un roux brunâtre à la base : jambes et tarses roux ou d'un roux testacé : premier article des tarses postérieurs, plus long que tous les suivants réunis.

Cette espèce a été prise sur le mont Pilat, par M. Foudras, et par M. Gacogne, dans les environs de Chamouni.

Obs. Les bandes et taches, d'un duvet jaune, tirent quelquefois plus ou moins sur le blanc.

Cette espèce est intermédiaire entre les *C. antilope* et *arietis.* Elle se distingue du premier de ces insectes, par son prothorax beaucoup moins rugueux; paré en devant d'une bordure jaune non interrompue dans son milieu; par ses élytres un peu moins rétrécies en arrière, ornées d'une bande antérieure moins avancée. Elle diffère du *C. arietis* par ses antennes plus graduellement renflées vers l'extrémité; par son prothorax paré d'une bordure basilaire jaune interrompue; par son écusson revêtu seulement, sur sa moitié postérieure, d'un duvet jaune; par ses élytres moins parallèles, ornées d'une ligne subhumérale oblique, d'une bande antérieure moins avancée, d'une deuxième bande recourbée en devant près du bord externe au lieu de l'être en arrière; par ses cuisses noirâtres. Elle s'éloigne enfin des deux espèces voisines, par l'absence d'une tache de duvet jaune, près des hanches de devant.

OBSERVATIONS

SUR

LES LAMPYRIDES,

PAR

E. MULSANT.

SUIVIES

DE LA DESCRIPTION D'UNE ESPÈCE NOUVELLE DE CES INSECTES.

(Présentées à la Société Linnéenne de Lyon, le 9 janvier 1860.)

Le genre *Lampyris*, fondé par Geoffroy, admis par Linné, dans la douzième édition de son *Systema naturæ*, et restreint dans des limites plus étroites par Fabricius, devait nécessairement être morcelé, comme toutes les coupes génériques établies par les premiers naturalistes, par suite des découvertes nombreuses dont la science s'est enrichie.

A part un très-petit nombre de genres, renfermant uniquement des espèces exotiques, et formés par divers entomologistes aux dépens du *Lampyris* de l'entomologiste danois, M. de Laporte, dans son *Essai d'une révision du genre* LAMPYRE (1), s'est occupé, le premier, d'un travail spécial sur ces insectes.

---

(1) Annales de la Soc. entom. de France, t. 2 (1833), p. 122 et suiv.

Sans entrer dans le détail de cette Révision, nous nous contenterons d'indiquer la manière dont ont été divisées les espèces propres à l'Europe.

A. Espèces à ♀ aptères ou n'ayant que des moignons d'élytres.

Sous-genre *Lampyris*, LINNÉ.

AA. Espèces à ♀ ayant des élytres semblables à celles des ♂.

B. Elytres beaucoup plus courtes que l'abdomen. Tête couverte.

Sous-genre *Phosphaenus*, LAPORTE.

BB. Elytres à peu près de la longueur de l'abdomen. Tête entièrement découverte; corselet tronqué carrément en devant.

Sous-genre *Luciola*, LAPORTE.

Depuis cette époque, M. de Motschulsky a publié, dans ses *Etudes entomologiques* (1853 et 1854) une division nouvelle de ces insectes (1).

Nous nous bornerons à reproduire la partie de cet Aperçu servant à fractionner les espèces européennes, connues de nous, rentrant dans le groupe des *Lampyrides* vrais, ou de ceux dont la tête est complètement voilée par le prothorax.

Ces espèces appartiennent au paragraphe 2 de la première division formée par l'auteur russe, ayant pour caractères :

♀ avec des élytres raccourcies, rudimentaires ou nulles et sans ailes. Yeux très-grands. Corselet déprimé.

Elles ont été divisées de la manière suivante :

A. Elytres plus longues que l'abdomen, chez le ♂.

(1) M. John Leconte a aussi donné, dans le tome 5 des procès-verbaux de l'académie de Philadelphie, t. V (1851), p. 331 et suiv., un Synopsis sur les *Lampyrides* des parties tempérées de l'Amérique du Nord.

B. Deuxième article des antennes au moins deux fois plus court que le troisième.

C. Les deux derniers segments de l'abdomen jaunes ou phosphorescents.

Ici se trouvent placés les genres *Diaphanes* et *Lichnebius*, composés d'insectes exotiques.

CC. Majeure partie de l'abdomen claire et notamment le dernier segment.

Genre *Lampronetes*, Motsch. *Forme* allongée, atténuée postérieurement; déprimée. *Corselet* allongé, semi-lunaire, avec une carène longitudinale plus ou moins marquée sur le milieu; sans taches transparentes; angles postérieurs aigus. *Antennes* pas plus longues que le corselet, filiformes, un peu déprimées et s'amincissant vers l'extrémité : premier article plus court que les deuxième et troisième réunis : le quatrième de la longueur du troisième : le cinquième et les suivants rétrécis successivement jusqu'au onzième, qui a la longueur du troisième, mais deux fois plus étroit. *Troisième article des palpes maxillaires* plus court que le quatrième. *Ecusson* en triangle allongé, tronqué. Trois nervures distinctes sur les *élytres*. *Premier article des tarses postérieurs*, de la longueur des deuxième et troisième réunis : le quatrième, moitié plus court, bilobé à l'extrémité. *Dernier segment du dessus de l'abdomen* arrondi et sinué plus ou moins profondément de chaque côté du bord postérieur. *Lobes* saillants, aigus, mais peu avancés.

Genre *Lamprotomus*, Motsch. *Forme* plus parallèle, plus ramassée, plus raccourcie que chez les *Lampronetes*. *Premier article des antennes* plus court que les deuxième et troisième réunis. *Dernier segment du dessus de l'abdomen* transversal, arrondi et un peu émarginé au milieu du bord postérieur. *Lobes* obtus, raccourcis. Le reste comme chez les *Lampronetes*.

Ce genre, jusqu'à ce jour, composé d'espèces habitant le Caucase, paraît n'avoir pas de représentant en Europe.

Genre *Lampyris*, Linné. *Forme* allongée, parallèle comme chez les *Telephorus*. *Corselet* semi-lunaire ; taches transparentes, petites et peu visibles, en avant ; angles postérieurs aigus, saillants. *Antennes* pas plus longues que le corselet, comprimées, s'amincissant vers les deux extrémités : premier article plus long que les deuxième et troisième réunis : deuxième très-court mais aussi large que le premier. *Troisième article des palpes maxillaires* plus court que le quatrième. *Ecusson* arrondi à l'extrémité. *Dernier segment du dessus de l'abdomen* triangulaire et plus ou moins aigu, sinuosités latérales peu marquées. *Lobes* saillants, aigus, très distincts.

BB. Second article des antennes presque aussi long que le troisième.

Genre *Lamprohiza*, Motsch. *Forme* ovalaire allongée, déprimée. *Corselet semi-lunaire*, un peu dilaté vers les angles postérieurs qui sont saillants ; taches transparentes, bien visibles, quelquefois unies en forme de croissant. *Antennes* plus courtes que le corselet, filiformes, poilues : premier article plus long que les deuxième et troisième réunis : celui-ci, presque pas plus long que le deuxième : le quatrième et les suivants à peu près égaux : le onzième plus long. *Troisième article des palpes maxillaires* plus court que le quatrième. *Ecusson* triangulaire et assez aigu. *Elytres* ovalaires, à nervures visibles. *Premier article des tarses postérieurs* plus long que les deuxième et troisième réunis : le quatrième presque pas plus long que le troisième et largement bilobé. *Dernier segment du dessus de l'abdomen* fortement échancré et découpé sur le milieu de son bord postérieur : celui du dessous plus avancé, en lamelle obtuse au milieu. *Lobes* saillants. *Les deux avant-derniers segments* phosphorescents.

AA. Elytres plus courtes que l'abdomen, chez le ♂.

Genre *Phosphaenus*, Laporte. *Forme* allongée, déprimée. *Corselet* semi-lunaire, un peu triangulaire en avant. *Antennes* deux fois plus longues que le corselet, déprimées : premier article pas plus grand que le troisième : le deuxième au moins deux fois plus court : les quatrième et suivants presque égaux et un peu plus petits que le troisième : le onzième le double plus long. *Ecusson* tronqué à l'extrémité. Les *ailes* manquent. *Premier article des tarses postérieurs* plus court que les deuxième et troisième réunis : le quatrième de la longueur du premier et bilobé. *Dernier segment du dessus de l'abdomen* échancré et entaillé au milieu. *Lobes* assez saillants. *Les deux derniers segments* phosphorescents.

Les genres *Lampronetes*, *Lamprotomus* et *Lampyris*, tels qu'ils sont formulés, diffèrent peu sensiblement entre eux. Ils ont pour caractères communs : *corselet* semi-lunaire ; *antennes* pas plus longues que le corselet ; *troisième article des palpes* plus court que le quatrième ; *dernier segment du dessus de l'abdomen* arrondi. Quant aux proportions des articles des antennes et des articles des tarses, elles sont parfois équivoques, en raison de la brièveté de ces pièces, et des variations plus ou moins sensibles qu'elles subissent dans les mêmes espèces. La forme de l'extrémité de l'écusson est plus variable encore, et cette partie se montre tronquée ou arrondie chez des individus appartenant évidemment à un même type spécifique.

M. Lacordaire, dans son savant *Genera des Coléoptères*,

t. 4 (1857), p. 228 et suiv., a restreint les *Lampyrides* vrais, aux deux genres ci-dessous :

A. Ailes et élytres entières, chez le ♂.

Genre *Lampyris*.

AA. Ailes nulles et élytres incomplètes, chez les ♂.

Genre *Phosphaenus*.

M. Jacquelin du Val, dans son *Synopsis du genre Lampyris*, consigné dans ses *Glanures entomologiques* (25 octobre 1859), a réuni les genres *Lampronetes* et *Lampyris* de M. Motschulski, conservé le genre *Lamprohiza* et donné de ces diverses coupes les caractères suivants :

G. *Lampyris*, Geoffroy. *Mandibules* petites, point saillantes, médiocrement étroites, droites, subparallèles ; terminées au sommet en dedans par une toute petite pointe aiguë, ciliées en outre à leur partie dorsale. *Pronotum* offrant fréquemment en avant deux petites taches translucides, mais en général peu tranchées, nulles ou indistinctes chez les femelles.

♂ *Abdomen* offrant inférieurement au sommet un petit arceau supplémentaire plus ou moins distinct.

♀ *Taille* généralement plus grande. *Corps* larviforme. *Elytres* tout à fait nulles, ou représentées simplement par de petits moignons en forme d'écailles sinuées postérieurement et plus ou moins aiguës. *Abdomen* de huit segments bien distincts.

Genre *Lamprohiza*, Motschulsky. *Mandibules* grêles, saillantes, fortement courbées, très-étroites, en pointe simple, munies intérieurement à leur base d'une fine membrane ciliée. *Pronotum* offrant en avant deux grandes taches translucides, très-tranchées chez les mâles, plus petites et moins tranchées chez les femelles.

♂ *Abdomen* n'offrant point de petit arceau supplémentaire visible au sommet.

♀ *Taille* simplement égale en général à celle des ♂. *Corps* moins allongé que chez les Lampyris. *Elytres* représentées par de petits moignons en forme d'écailles bien marquées et point sinuées postérieurement. *Abdomen* de huit segments dilatés, amincis et subtranslucides sur les côtés.

En étudiant les Lampyrides de notre collection et diverses espèces communiquées par MM. Arias, Godart, Lucas, Perroud et Revelière, il nous a semblé que le genre *Lampyris*, tel qu'il a été limité par le dernier des entomologistes précités, méritait d'être divisé. Quelques-uns des caractères employés à séparer les coupes ci-après indiquées, et jusqu'à ce jour non utilisés pour diviser ces insectes, pourront peut-être servir à ouvrir une voie nouvelle pour fractionner avec bonheur les Lampyrides exotiques.

Nous partagerons les Lampyrides vrais d'Europe de la manière suivante :

A. Lame verticale du repli du prothorax un peu élargie d'avant en arrière (et souvent d'une manière sinuée) depuis les hanches antérieures, jusqu'au bord postérieur du segment prothoracique. Pygidium rétréci d'avant en arrière, tronqué ou subarrondi à son extrémité. Antennes à peine aussi longuement ou à peine plus longuement prolongées que le bord postérieur du prothorax (♂ ♀). Ce dernier à sillons avancés en ligne droite vers le rebord antéro-latéral (♂♀); à taches translucides nulles ou peu marquées. Mandibules courtes, peu arquées, non destinées à se croiser, peu saillantes au-delà du labre.

♂ Yeux globuleux, très-étroitement séparés sur la partie

inférieure de la tête; séparés en dessus par un espace à peine aussi grand, ou moins grand que le diamètre de l'un d'eux. Elytres à peu près aussi longuement ou un peu plus longuement prolongées que l'abdomen; rétrécies depuis les épaules. Repli des élytres canaliculé en devant, réduit à une tranche obtuse depuis les hanches postérieures ou plus avant; offrant au moins depuis celles-ci son bord interne caché en dessous. Ailes développées. Ventre de sept arceaux, offrant après le dernier une gaîne étroite et apparente. Corps médiocrement convexe.

♀ Yeux séparés en dessous et en dessus par un espace à peu près égal au double du diamètre de l'un d'eux. Elytres et ailes nulles. Ventre de huit arceaux distincts : le premier, visible seulement sur les côtés. Corps larviforme.

Genre *Pelania*, Mulsant (1).

Obs. Les insectes de ce genre par leurs élytres rétrécies à partir de la base, et par leur corps sensiblement convexe chez le ♂, par leur prothorax en ogive et par la forme de leur pygidium (♂ ♀), offrent un faciès différent de celui des espèces appartenant au genre suivant.

Le *Lampyris mauritanica* de Linné, ayant souvent été confondu avec d'autres espèces, nous allons en donner ici la description.

---

(1) Ce genre correspond sans doute en partie au genre *Lampronetes* de M. de Motschulsky. Nous n'avons pu adopter cette dénomination, parce que cet entomologiste a réuni sous la même désignation des insectes différents, s'il a pris pour type le véritable *L. mauritanica* de Linné; mais peut-être, selon l'observation de M. Jacquelin du Val, a-t-il décrit, sous le nom de *L. mauritanica*, le *L. Reichii* de ce dernier, et, dans ce cas, les caractères que nous donnons à notre genre *Pelania* ne s'appliqueraient pas à son genre *Lampronetes*.

Pelania mauritanica, LINNÉ.

Allongé; d'un flave testacé (♂) ou d'un testacé roussâtre (♀); garni de poils fins et peu apparents. Prothorax en ogive, plus large à la base que long sur son milieu; fortement relevé en rebord, en devant et sur les côtés; plus faiblement rebordé à la base; à sillons prothoraciques situés vers chaque sixième externe, avancés en ligne droite vers le rebord antéro-latéral; à peine pointillé. Pygidium rétréci d'avant en arrière, obtusément tronqué à l'extrémité.

♂ Dessous du corps, parties de la bouche et prothorax d'un flave testacé ou d'un testacé flave ou flavescent. Elytres rétrécies d'avant en arrière; tantôt de la couleur du prothorax, tantôt brunes ou brunâtres avec la gouttière marginale testacée ou d'un flave testacé, plus rarement brunes, avec la gouttière marginale et la suture ou seulement avec les rebords sutural et externe, d'un flave testacé. Septième arceau ventral en ligne à peu près droite à son bord postérieur, avec la partie médiane un peu déclive et plus sensiblement ciliée. Angles postérieurs des premier à septième arceaux, ou du moins du troisième ou du quatrième au septième, prolongés en lanières.

♀ Entièrement d'un testacé roussâtre; dos du mésothorax court; en angle ouvert et dirigé en arrière à son bord postérieur. Dos du métathorax transversal avec les angles postérieurs subarrondis. Elytres et ailes nulles. Angles postérieurs des arceaux du dos de l'abdomen légèrement relevés en pointe obtuse. Angles postérieurs des arceaux du ventre, émoussés; le huitième arceau le plus long, ou à peu près, rétréci d'avant en arrière, entaillé en forme de V aigu dans le milieu de son bord postérieur.

Lampyris mauritanica, LINNÉ, Syst. Nat., 12e édit. t. 1. 2. p. 645. ♂, etc.

Obs. Il serait assez difficile de dire à quel insecte doit se rapporter la *Lampronetes mauritanica* de M. V. de MOTSCHULSKY. — Voici la description ébauchée par cet entomologiste :

Plus grande que la *L. noctiluca;* corselet plus allongé ; élytres plus atténuées postérieurement; de couleur testacé-roussâtre, brunâtre sur les élytres et les tarses. Yeux noirs (long. 6 l., larg. 2 1/5 l. Cadix).

(MOTS. *Etud. entom.*, 1854, p. 16., n° 97.)

L'espèce décrite par M. de Motschulsky, après le *Lamp. mauritanica*, la *Lampronetes membranacea* (*Etud. entom.* p. 16, n° 98) appartient à notre genre *Lampyris.* L'auteur russe la dit voisine de la précédente ; sa *L. mauritanica* doit-elle être rapportée au même genre ?

♂ Long. 0.0135 à 0,0157 (6 à 7 l.). Larg. 0,0028 à 0,0033 (2 1/4 à 2 1/2. l.)

Corps allongé; peu convexe; garni de poils courts, peu apparents et d'un livide testacé. *Front* testacé ou d'un testacé nébuleux. *Parties de la bouche* testacées ou d'un testacé flavescent. *Yeux* noirs. *Antennes* à peu près aussi longuement prolongées que les angles postérieurs du prothorax; testacées ou d'un testacé flavescent; pubescentes; comprimées ; graduellement amincies à partir de l'extrémité du troisième : le premier plus épais, faiblement élargi de la base à l'extrémité; un peu moins long que les deuxième et troisième réunis : le deuxième court, égal environ aux deux cinquièmes du suivant: le troisième plus long que le quatrième, plus long que large : les quatrième à dixième graduellement plus courts : le onzième peu ou point sensiblement appendicé, presque aussi long que le troisième, deux fois au moins aussi long qu'il est large. *Prothorax* en ogive parfois subarrondie en devant; élargi d'avant en arrière en ligne d'abord courbe jusque vers la moitié de la longueur de ses côtés, puis en ligne à peu près droite jusqu'aux angles postérieurs ; coupé en arc plus ou moins faible, dirigé en devant et très-légèrement trisinué à la base ; à angles postérieurs un peu émoussés plus ou moins sensiblement dirigés en arrière ; d'un cinquième ou d'un sixième plus large à la base qu'il est long sur son milieu ; fortement relevé en devant et sur les côtés, en rebord recourbé suivi d'une gouttière ; offrant à sa base un rebord étroit, plus affaibli dans son milieu, plus faible même sur les côtés que l'antérieur ; médiocrement convexe ; à sillons prothoraciques naissant au devant de chaque sixième externe du rebord basilaire, avancés en ligne droite jusqu'au rebord antéro-latéral ; marqué d'une fossette ponctiforme, un peu après la moitié de sa longueur, un peu en dedans de chaque sillon prothoracique ; d'un flave testacé, parfois rosé sur son disque ; luisant ; garni de poils flavescents, peu apparents ; superficiellement pointillé. *Ecusson* en triangle tronqué ou obtus à l'extrémité ; d'un testacé flavescent. *Elytres* plus larges aux épaules que le prothorax à ses angles postérieurs, un peu moins larges que lui, prises au côté externe du calus huméral ; subgraduellement rétrécies jusqu'aux quatre cinquièmes de leur longueur, puis plus sensiblement en ligne courbe jusqu'à l'angle sutural, subsinuées vers le milieu de ses bords latéraux ; assez convexes sur le dos ; creusées en dehors de la troisième nervure d'une gouttière naissant de la base, presque aussi large que le calus huméral vers la moitié de la longueur de celui-ci, prolongée en s'affaiblissant jusque vers le milieu de leur longueur ; ponctuées, d'une manière forte, ruguleuse, ou presque réticuleuse près de la base, graduellement affaiblie vers l'extrémité ; ordinairement d'un flave testacé, parfois d'un testacé brunâtre avec la gouttière juxta-marginale plus pâle ; quelquefois même d'un brun plus ou moins testacé avec la gouttière ainsi que le reste du bord marginal, et une bordure suturale étroite, testacées; plus rarement entièrement brunes, avec les rebords sutural et marginal d'un flave testacé; garnies de poils testacés ou d'un testacé livide, fins, peu épais et médiocrement apparents; déprimées à la base entre le calus huméral et l'écusson, mais sans fossette humérale bien marquée, munies d'un rebord externe, d'un rebord sutural, et chacune de trois nervures un peu obliquement longitudinales : la troisième ou plus extérieure, naissant plus ou moins près de l'extrémité postéro-externe du calus huméral, prolongée, en s'affaiblissant, environ jusqu'aux quatre cinquièmes de la longueur des étuis : la deuxième, naissant de l'extrémité du bord interne du calus, un peu moins longuement prolongée, parfois unie ou presque unie à son extrémité avec la précédente : la première ou interne, naissant au niveau de l'extrémité de l'écusson, située entre la seconde et le rebord sutural, prolongée, en s'affaiblissant environ jusqu'aux deux tiers des étuis; les élytres paraissant ordinairement offrir dans leur gouttière juxta-marginale une sorte de nervure plus large et moins marquée. *Repli*, quand on l'examine un peu de côté, ne paraissant canaliculé que jusque vers le milieu du postpectus, réduit ensuite à une tranche arrondie. *Ailes* brunâtres. *Dessous du corps* d'un testacé flave, luisant, paraissant presque glabre. *Bord antérieur de l'antépectus* en arc dirigé en arrière; linéaire, avec la partie suturale brièvement épaissie en forme de triangle étroit, dirigé en arrière et peu engagé entre les hanches. *Mésosternum* offrant une carène linéaire, peu ou parfois non apparente. *Postépisternums* deux fois et demie aussi longs qu'ils sont larges dans leur partie transversale la plus développée; au moins aussi larges dans ce point que les épimères à leur extrémité. *Ventre* longitudinalement convexe sur les quatre septièmes médiaires de sa largeur, subhorizontal sur les côtés; offrant les angles postérieurs des premiers arceaux presque confondus avec ceux du dos : les cinquième et sixième, ou quatrième à sixième, détachés des supérieurs, débordés graduellement d'une manière plus sensible par ceux-ci, en dents de scie : le septième arceau, en ligne à peu près droite à son bord postérieur (quand il est examiné perpendiculairement en dessous) avec sa partie médiane un peu déclive, tronquée et plus sensiblement ciliée. *Pygidium* ou dernier segment du dos de l'abdomen, rétréci assez faiblement d'avant en arrière, ordinairement obtusément tronqué ou subarrondi à sa partie postérieure; longitudinalement en toit émoussé sur les quatre septièmes de sa largeur, avec les bords relevés et séparés chacun par une gouttière de la partie tectiforme; les arceaux précédents allongés en espèce de lanière, et graduellement plus longs du premier à l'avant-dernier. *Pieds* comprimés; d'un testacé flave, garnis de poils concolores peu apparents. *Cuisses* antérieures ovalairement renflées dans leur milieu. *Tibias* brièvement ciliés en dessous. *Premier article des tarses postérieurs* un peu moins long que les deux suivants réunis : le quatrième bilobé, plus court que le premier.

♀ Long. 0,0180 à 0,0220 (8 à 10). Larg. 0,0042 à 0,0048 (1 7/8 à 2 1/8).

♀ *Corps* entièrement d'un testacé roussâtre ; garni de poils courts, peu épais, peu ou médiocrement apparents. *Prothorax* en ligne presque droite, et à peine trissubsinué, à son bord postérieur. *Dos du mésothorax* à côtés très-courts ; à angles postérieurs aigus et dirigés un peu en dehors ; à bord postérieur en angle ouvert et dirigé en arrière ; trois fois aussi large à la base qu'il est long sur son milieu. *Dos du métathorax* transversal, avec les angles postérieurs subarrondis. *Elytres* nulles. *Dos de l'abdomen* offrant les angles postérieurs de chacun des sept premiers arceaux rectangulairement ouverts, et un peu relevés : les cinquième à septième graduellement un peu prolongés en arrière et noirâtres à l'extrémité : le huitième ou pygidium, comme chez le ♂. *Ventre* offrant les arceaux tous un peu débordés par le supérieur ; à angle postéro-externe des sept premiers, non prolongé en arrière : le huitième ou dernier, rétréci d'avant en arrière, le plus long de tous ou à peu près, entaillé à son extrémité en forme de V aigu.

Cette espèce, plus particulière à l'Algérie et aux contrées les plus méridionales de l'Europe, a été prise dans les environs de Narbonne, par M. Godart.

Obs. Elle offre des variations plus ou moins sensibles. Les articles des antennes n'ont quelquefois pas toujours la même longueur chez les divers individus. Le prothorax est tantôt franchement en ogive, tantôt plus arrondi ; ses angles postérieurs parfois presque droits, sont ordinairement sensiblement prolongés en arrière ; pendant la vie, il est coloré de rose légèrement vineux sur le disque. Les élytres s'éloignent parfois du flave testacé ou testacé flave, pour se rapprocher davantage du brun : dans ce dernier cas, elles offrent ordinairement une bordure suturale étroite et une bordure marginale assez large, d'un testacé flavescent. La matière colorante brunâtre, au lieu de se répartir également partout, en se concentrant sur la partie médiane, a acquis plus d'intensité. Le pygidium, souvent presque tronqué, se rapproche d'autres fois de la forme arrondie. Les angles postérieurs des arceaux deuxième à quatrième du dos de l'abdomen, parfois anguleusement prolongés en forme de lanières, manquent d'autres fois de ces sortes d'appendices, etc.

La forme de la lame verticale du repli prothoracique, forme qui se trouve chez la ♀ aussi bien que chez le ♂, suffit pour distinguer cette espèce de toutes celles avec lesquelles elle a été confondue.

Larve noire. Prothorax subarrondi en devant, plus élargi

d'avant en arrière ; tronqué à la base; plus long que large ; sillonné sur la moitié postérieure de la ligne médiane. Abdomen de neuf arceaux : les deux ou trois derniers du dos offrant leurs angles postérieurs prolongés en arrière.

AA. Lame verticale du repli du prothorax anguleuse vers les hanches ; rétrécie (et souvent d'une manière sinuée) depuis lesdites hanches de devant jusqu'au bord postérieur du segment prothoracique. Corps planiuscule (♂♀).

B. Pygidium arrondi ou en ogive à l'extrémité et souvent sinué de chaque côté de celle-ci. Antennes à peine aussi longuement ou à peine plus longuement prolongées que le bord postérieur du prothorax (♂♀). Ce dernier, à taches translucides ordinairement petites et peu tranchées, mais parfois transparentes chez les ♂, nulles chez les ♀. Mandibules droites ou peu arquées ; non destinées à se croiser ; courtes, à peine saillantes au-delà du labre ou cachées par celui-ci.

♂ Yeux globuleux, presque contigus à la partie inférieure, séparés entre eux, en dessus, par un espace sensiblement moins large que le diamètre de l'un d'eux. Elytres à peu près aussi longuement prolongées ou un peu plus longuement prolongées que l'abdomen ; subparallèles. Repli des élytres canaliculé en devant, réduit à une tranche obtuse depuis les hanches postérieures ou un peu plus avant ; offrant, au moins depuis celles-ci, son bord interne caché en dessous. Ailes développées. Ventre de sept arceaux ; offrant après le dernier une gaîne étroite et ordinairement apparente, quelquefois cachée.

♀ Yeux séparés l'un de l'autre, en dessous et en dessus, par un espace au moins deux fois aussi grand que le diamètre transversal de l'un d'eux. Ailes et parfois élytres nulles : celles-ci, quand elles existent, réduites à des moignons, ordinairement moins longuement ou à peine aussi longuement prolongés que le bord postérieur du métathorax ; le plus souvent aussi larges que longues. Ventre de huit arceaux : le premier, visible seulement sur les côtés. Corps larviforme.

Genre *Lampyris*, Geoffroy (1).

BB. Pygidium échancré à l'extrémité, quelquefois simplement tronqué, surtout chez les ♀. Mandibules très-arquées ; destinées à se croiser dans leur moitié antérieure : généralement saillantes au-delà du labre.

C. Antennes assez grêles, à peine aussi longuement ou à peine plus longuement prolongées que le bord postérieur du prothorax (♂ ♀). Ce dernier à deux taches translucides tranchées, très-grandes et parfois contiguës chez les ♂, plus petites et moins nettement limitées chez les ♀ ; à sillons prothoraciques bien marqués ; quatrième article des tarses plus court que le premier. Postépisternums rétrécis à leur côté externe, depuis les deux septièmes ou le tiers de leur longueur jusqu'au bord antérieur.

♂ Yeux globuleux, presque contigus entre eux à leur partie inférieure, séparés en dessus par un espace moins grand que le diamètre de l'un d'eux. Elytres à peu près aussi longuement ou un peu plus longuement prolongées que l'abdomen ; souvent un peu ovalaires. Repli des élytres canaliculé d'une manière graduellement affaiblie sur la moitié antérieure au moins de leur longueur, offrant ensuite ses deux bords également élevés, visibles et constituant une bande plane, presque uniformément étroite, jusqu'à l'angle sutural. Ailes développées. Ventre de sept arceaux ; offrant après le der-

(1) Geoffroy, *Traité abrégé des insectes*, t. 1, p. 165.

nier une gaîne étroite, souvent cachée par le septième arceau ou peu saillante après celui-ci.

♀ Yeux séparés l'un de l'autre, en dessous et en dessus, par un espace au moins deux fois aussi grand que le diamètre transversal de l'un d'eux. Elytres réduites à des moignons presque obtriangulaires, prolongés sur une partie du premier arceau du dos de l'abdomen; plus longs que larges. Ventre de huit arceaux : le premier visible seulement sur les côtés. Corps larviforme.

Genre *Lamprohiza*, Motschulsky [1].

CC. Antennes épaisses; prolongées presque jusqu'à la moitié de la longueur du corps (♂), ou à peine jusqu'à l'extrémité du prothorax (♀). Ce dernier sans taches translucides (♂ ♀); à sillons prothoraciques nuls ou peu marqués. Ailes rudimentaires ou nulles. Quatrième article des tarses plus long ou au moins aussi long que le premier. Yeux médiocres ou assez petits; peu visibles en dessus après les antennes; séparés en dessous par un espace à peu près une fois plus grand que le diamètre transversal de l'un d'eux (♂♀). Pattes robustes. Postépisternums rétrécis à leur côté externe seulement depuis le sixième ou le cinquième de leur longueur jusqu'à leur bord antérieur.

♂ Elytres presque obtriangulaires; rétrécies et déhiscentes, à partir de l'extrémité de l'écusson; un peu plus longues qu'elles sont larges à la base; prolongées jusqu'à l'extrémité du premier arceau du dos de l'abdomen. Repli des élytres canaliculé en devant, jusque vers le milieu de la longueur du postpectus, offrant ensuite ses deux bords également éle-

(1) V. de Motchulsky, *Etudes entomologiques*, troisième fascicule (1853), p. 47.

vés, visibles et constituant une bande plane presque uniformément étroite jusqu'à l'angle sutural. Ailes incomplètement développées, rudimentaires, ou parfois nulles. Ventre de sept arceaux, offrant, après le septième, une gaîne étroite, très-apparente.

♀ Elytres et ailes nulles. Ventre de huit arceaux : le premier, visible seulement sur les côtés. Corps larviforme.

Genre *Phosphaenus*, de Castelnau ([1]).

DESCRIPTION D'UNE ESPÈCE NOUVELLE DU GENRE LAMPYRIS,

Par E. MULSANT et EUG. RÉVELIÈRE.

Lampyris bicarinata.

♂ *Parallèle; planiuscule; peu pubescent. Antennes et bouche d'un flave testacé. Prothorax plus pâle; arrondi en devant, subparallèle ensuite; muni sur la moitié médiaire de sa base d'un rebord plus saillant dans son milieu, presque nul sur les côtés. Élytres brunâtres à la base, graduellement d'un testacé flavescent postérieurement et sur la gouttière; celle-ci nulle à la base. Prosternum entaillé. Ventre caréné de chaque côté de la moitié médiane : septième arceau trilobé postérieurement. Pygidium obtusément arrondi à l'extrémité, avec les côtés inégalement arqués : les trois arceaux précédents anguleusement prolongés.*

♀ Inconnne.

♂ Long. 0,0135 à 0,0146 (6 à 6 1/2 l.) — Larg. 0,0045 (2 l.)

Corps allongé; parallèle; planiuscule; garni de poils courts et peu apparents, d'un livide testacé. *Front* brun. *Parties de la bouche* d'un testacé flavescent. *Yeux* noirs. *Antennes* à peu près aussi longuement prolongées que les angles postérieurs

---

([1]) de Laporte de Castelnau, Essai d'une révision du genre *Lampyre* (Ann. de la Soc. entom. de France, t. 2, 1830, p. 125 et 138).

du prothorax ; d'un testacé flavescent ; garnies de poils fins et concolores ; comprimées ; graduellement amincies à partir de l'extrémité du quatrième article : le premier plus épais, un peu plus long que le troisième : le deuxième court, un peu plus grand que la moitié du suivant ; celui-ci, de moitié plus long que large, un peu moins long que le quatrième : les cinquième à dixième plus longs que larges : le onzième près de moitié plus long que le précédent, à peine appendicé. *Prothorax* arrondi en devant jusqu'à la moitié de sa longueur, parallèle ou à peine rétréci ensuite en ligne droite ; très faiblement coupé en un arc dirigé en devant, à la base ; à angles postérieurs presque rectangulairement ouverts ; à peu près aussi large à la base qu'il est long sur son milieu ; relevé en devant et jusqu'au tiers ou aux deux cinquièmes de ses côtés, en un rebord un peu recourbé, suivi d'une gouttière et plus étroit au bord antérieur qu'après celui-ci ; sensiblement relevé en dehors des sillons : ceux-ci, naissant au-devant de chaque cinquième externe du rebord basilaire, avancés en ligne longitudinale presque droite ou un peu dirigée en dehors jusqu'aux trois septièmes postérieurs de la longueur du segment thoracique, puis plus obliquement dirigés vers le rebord marginal, vers le tiers antérieur de la longueur ; muni sur les trois cinquièmes médiaires de sa base d'un rebord graduellement plus élevé dans son milieu, presque sans rebord sur chaque cinquième externe ; planiuscule, subconvexe au-dessus de chaque œil, et postérieurement sur l'espace compris entre les sillons ; marqué, au-dessus des yeux, de points apparents mais peu profonds ; moins distinctement ponctué en dehors des sillons, presque imponctué entre ceux-ci ; sensiblement déprimé ou sillonné entre les yeux, et chargé dans ce sillon d'une ligne médiane peu élevée, sillonnée sur la seconde moitié de la ligne médiane ; d'un testacé flavescent ou livide, avec la partie postérieure du dessus des yeux noirâtre par transparence ; paraissant marqué dans cette partie d'une ligne obliquement transversale, naissant de chaque sillon thoracique et dirigée obliquement en avant vers la ligne médiane ; offrant, au devant de chaque œil, une tache transparente assez développée. *Ecusson* flave ou d'un flave testacé. *Elytres* à peine plus larges au côté externe du calus huméral que le prothorax à ses angles postérieurs ; trois fois ou trois fois et quart aussi longues que lui : subparallèles, jusqu'aux quatre cinquièmes de leur longueur, puis rétrécies en ligne courbe jusqu'à l'angle sutural ; planiuscule sur le dos ; creusées, en dehors de la troisième nervure, d'une gouttière nulle à la base, graduellement élargie à son côté externe, depuis le niveau de la moitié de la longueur du calus huméral jusqu'aux deux septièmes de la longueur des étuis, de largeur presque égale ensuite, et prolongée, en s'affaiblissant, presque jusqu'aux quatre cinquièmes de la longueur des étuis ; ponctuées d'une manière ruguleuse, plus fortement près de la base, d'une manière plus affaiblie vers l'extrémité ; d'un testacé brun ou brunâtre à la base, graduellement testacées à l'extrémité, avec la gouttière un peu plus pâle ; déprimées à la base entre le calus huméral et l'écusson ; sans fossette humérale ; munies d'un rebord sutural faible et aplani, à peu près sans rebord sur les côtés, avec l'extrémité un peu relevée, ainsi que la suture et les côtés ; à trois nervures naissant du sixième ou du cinquième de la longueur, graduellement affaiblies postérieurement : les deuxième et troisième, prolongées jusqu'aux quatre cinquièmes ou un peu plus : la première ou juxta-suturale plus faible et plus courte. *Repli*, quand on l'examine un peu de côté, paraissant canaliculé presque jusqu'à l'extrémité des épimères postérieures, réduit postérieurement à une tranche un peu obtuse ; d'un flave testacé. *Ailes* brunes ou brunâtres. *Dessous du corps* d'un testacé roussâtre. *Lame verticale du repli du prothorax* obtusément anguleuse au côté externe des hanches. ***Bord antérieur*** de l'antépectus un peu en angle dirigé en arrière, avec le milieu assez profondément entaillé en forme de V aigu, et obtriangulairement un peu prolongé en arrière. *Hanches intermédiaires* contiguës. ***Postépisternums*** près de trois fois aussi longs qu'ils sont larges dans leur diamètre transversal le plus grand ; d'un cinquième plus larges dans ce point que les hanches à l'extrémité. *Ventre* longitudinalement en toit sur la partie médiane des cinq ou six premiers arceaux ; chargé d'une carène longitudinale sur les quatre premiers arceaux et le commencement du cinquième, vers chaque quart ou cinquième externe de sa largeur, déclive en dehors de cette carène ; à septième arceau presque aussi longuement prolongé que le pygidium ; convexe et trifestonné à son bord postérieur : le feston médiaire parfois un peu obtus ; arceaux du ventre à peu près rectangulairement ouverts à leur angle postérieur ; le premier un peu anguleusement dilaté de côté : les sixième et septième un peu débordés par les supérieurs. *Pygidium* obtusément arrondi et à peine bissinué à l'extrémité ; irrégulièrement arqué sur les côtés, c'est-à-dire élargi jusqu'aux deux tiers, rétréci ensuite ; subconvexe longitudinalement sur son milieu, avec les côtés un peu relevés. Angles postérieurs des trois arceaux précédents, anguleusement prolongés en arrière. *Pieds* d'un testacé ou flave-testacé roussâtre ; comprimés. *Hanches*, même les antérieures, subparallèles. *Premier article des tarses postérieurs* visiblement moins long que les deux suivants réunis : le quatrième assez faiblement bilobé en dessous et un peu moins longs que le premier.

PATRIE : la Corse.

DESCRIPTION

D'UNE

NOUVELLE ESPÈCE DE COLÉOPTÈRE SÉCURIPALPE,

Par E. MULSANT.

(Lue à la Société Linnéenne de Lyon, le 14 juin 1847.)

Scymnus scutellaris.

Ovale ; pubescent. Prothorax noir, élargi presque en droite ligne sur les côtés. Elytres convexes, assez fortement ponctuées, d'un rouge fauve, parées d'une tache noire commune aux deux étuis, en triangle dirigé en arrière jusqu'aux trois cinquièmes de la longueur, et couvrant la moitié interne de la base. Plaques abdominales subanguleuses, prolongées jusqu'aux trois quarts de l'arceau.

♂ Cinquième arceau du ventre faiblement échancré dans son milieu.

♀ Cinquième arceau du ventre sans échancrure.

ÉTAT NORMAL. — *Elytres* d'un rouge fauve ; ornées d'une tache scutellaire noire, commune aux deux étuis, couvrant la moitié interne de la base, et prolongée en se rétrécissant graduellement jusqu'aux trois cinquièmes de la suture, formant ainsi une tache en triangle allongé et dirigé en arrière.

Variations des Elytres (par défaut).

Obs. Quelquefois la tache a un peu moins d'étendue ; souvent sa couleur moins obscure la rend moins tranchée ou moins distincte. Le prothorax, dans ces derniers cas, présente quelquefois, surtout chez les ♂, ses côtés rougeâtres, d'un fauve livide ou d'un fauve rouge.

On trouve des individus n'ayant pas acquis leur coloration normale, dont le corps, sous ce rapport, plus ou moins différent du type, est quelquefois entièrement d'un fauve jaune.

Long. 0,0016 (2 3 l.) Larg. 0,0009 (2/5 l.)

Corps ovale, assez convexe ou médiocrement convexe et peu densement garni en dessus de poils livides ou cendrés. *Tête* penchée ; pointillée ; noire, avec le labre d'un fauve livide, parfois d'une manière un peu obscure. *Antennes* et *palpes maxillaires* d'un fauve livide : les seconds souvent en partie obscurs. *Prothorax* subcurvilinéairement d'abord jusqu'au tiers, puis subrectilinéairement élargi d'avant en arrière sur les côtés ; étroitement rebordé à ceux-ci ; en angle très-ouvert et postérieurement dirigé, à la base ; rayé au-devant de celle-ci d'une ligne moins rapprochée d'elle au-devant de l'écusson ; un peu plus de deux fois aussi large au bord postérieur que long dans son milieu ; d'un quart environ moins court à celui-ci que sur les côtés ; convexe ; pointillé ; noir. *Ecusson* triangulaire ; à côtés un peu ou point incourbés à la base ; noir. *Elytres* trois fois à trois fois et demie aussi longues que le prothorax dans son milieu ; curvilinéairement d'abord jusqu'au sixième, puis subcurvilinéairement et assez sensiblement élargies ensuite jusqu'aux deux cinquièmes de la longueur ; un peu moins larges vers les quatre cinquièmes qu'à l'angle huméral, obtusément arrondies à l'extrémité, et laissant à découvert une partie du pygidium ; peu ou point incourbées chacune à l'angle sutural qui est un peu aigument ouvert ; étroitement rebordées latéralement ; assez arquées longitudinalement en dessus ; convexes ou assez médiocrement convexes ; marquées de points très-apparents, et beaucoup plus gros que ceux du prothorax ; chargées d'un calus huméral assez saillant ; colorées et peintes comme il a été dit. *Dessous du corps noir*, avec le dernier anneau du ventre d'un fauve livide ; parcimonieusement pubescent ; pointillé sur le ventre ; à peine aussi fortement ponctué sur les côtés de la poitrine que sur le mésosternum : celui-ci tronqué presque en ligne droite ou très-légèrement en arc rentrant, en devant. *Plaques pectorales* arquées, à peine prolongées au-delà du tiers de la longueur comprise entre les hanches intermédiaires et postérieures. *Plaques abdominales* presque en demi-cercle un peu ogival, prolongées au moins jusqu'aux trois quarts de l'arceau. *Pieds* d'un fauve livide, avec les cuisses postérieures et parfois, moins sensiblement, les intermédiaires nébuleuses ou obscures.

Cette espèce a été trouvée dans les environs de Lyon, par MM. C. Rey et Guillebeau; je lui ai conservé le nom donné par le premier de ces naturalistes.

Obs. Elle a de l'analogie avec le *Sc. discoideus;* elle s'en distingue par son corps plus convexe, plus court, moins régulièrement ovale, c'est-à-dire plus sensiblement élargi après les épaules, jusqu'aux deux cinquièmes de la longueur; par son prothorax moins infléchi aux angles de devant; à côtés plus droits ou peu courbes près des angles précités, plus long sur les côtés et dans son milieu; par ses élytres marquées de points plus gros, garnies de poils moins épais et un peu moins longs; par ses plaques pectorales plus arquées, arrivant au moins sur les côtés au quart antérieur de la longueur existante entre les hanches intermédiaires et postérieures, tandis que dans le *discoideus* elles se rapprochent davantage des hanches intermédiaires; enfin par les plaques abdominales prolongées jusqu'aux trois quarts, et moins arrondies ou subanguleuses dans leur milieu.

Le corps paraît luisant en dessus, parce que les poils sont plus rares, et le peu de densité de ceux-ci est dû aux points qui sont plus gros.

DISSERTATION

SUR

LE COSSUS DES ANCIENS,

PAR

E. MULSANT.

(Lue à la Société d'Agriculture de Lyon.)

Plusieurs naturalistes modernes ont cherché à déterminer à quelle espèce d'insecte pouvait se rapporter le Cossus, regardé par les Romains comme un mets délicat et somptueux. Les conjectures faites à cet égard sont très diversés. Linné (1) a cru retrouver cet être vermiforme dans la chenille d'un Lépidoptère nocturne (*Cossus ligniperda*, GODARD); Geoffroy (2) dans la larve d'un Porte-bec (*Calandra palmarum*, FABRICIUS); Olivier (3) dans celle d'un Longicorne (*Cerambyx heros*, FABRICIUS); le plus grand nombre dans celle de certains Lamellicornes : ainsi Swammerdam (4) et Frisch (5) ont désigné celle d'un Oryctès (*Oryctes nasicornis*, ILLIGER); Rœsel (6) et d'autres (7), celle du cerf-volant (*Lucanus cervus*, LINNÉ); et

(1) Bombyx cossus; *Faun. suec.* Stocholmiæ, 1761, p. 285.

(2) *Histoire abrégée des insectes.* Paris, 1800, t. II, p. 104.

(3) OLIVIER, *Entomologie.* Paris, 1789, in-4°, t. I, p. 6. — LATREILLE, *Nouveau dictionnaire d'histoire naturelle.* Paris, 1817, t. VIII, p. 153, etc.

(4) *Biblia naturæ.* 1737, in-fol., t. I, p. 318.

(5) *Beschreibung von Allerley Insekten in Deutschland.* Berlin, in-4°, 3e partie, p. 7.

(6) ROESEL, *Insecten Belustigung.* Nürinberg, 1749, 2e partie, 1re classe, p. 31.

(7) SHAW, *General Zoology.* London, 1804, t. VI, p. 28. — LATREILLE, *Histoire naturelle des crustacés et des insectes.* Paris, an XII, t. X, p. 245. — LATREILLE, *Nouveau dictionnaire d'histoire naturelle,* t. VIII, p. 150, etc.

Latreille, modifiant, dans son dernier ouvrage ([1]), ses idées précédemment émises, a pensé que le Cossus était la larve du hanneton (*Melolontha vulgaris*, FABRICIUS).

Avant d'examiner ces différentes opinions, voyons ce qu'ont écrit les anciens sur l'animal dont il est ici question :

Arbores, dit Pline, *vermiculantur magis minusve quædam, omnes tamen ferè : idque aves cavi corticis sono experiuntur. Jam quidem et hoc in luxuriâ esse cœpit, prægrandesque roborum delicatiore sunt in cibo : Cossos vocant ; atque etiam farinâ saginati, hi quoquè altiles fiunt* ([2]).

Écoutons encore ce que dit autre part le même écrivain : *Non enim cossi tantum in eo (ligno), sed etiam tabani ex eo nascuntur* ([3]).

Enfin, il ajoute ailleurs : *Cossi qui in ligno nascuntur, sanant ulcera omnia* ([4]).

Saint Jérôme, dans son traité contre Jovinien, parle aussi du Cossus, et d'une manière un peu plus détaillée que le naturaliste romain. Voici ses paroles ;

In Ponte, in Phrygiâ vermes albos et obesos, qui nigello capite sunt et nascuntur in lignorum carie, pro magnis reditibus paterfamilias exigit : et quomodò apud nos attagen et ficedula, mullus et scarus in deliciis computantur, ita apud illos ξυλοφάγον *comedisse luxuria est... Coge Syrum, Afrum et Ara-*

([1]) *Cours d'entomologie*, p. 60.

([2]) Les vers ne s'attachent pas également à tous les arbres, mais presque tous y sont sujets. Les oiseaux reconnaissent leur présence au son creux que rend l'écorce béquetée ; et voici que les gros vers du chêne figurent sous le nom de *Cossus* parmi les mets les plus délicats ; on les engraisse en les nourrissant de farine. — PLINE, *Histoire naturelle*, liv. XVII, 37.

([3]) Non-seulement le cossus y prend naissance, mais le tabanus provient du bois même. — PLINE, *Histoire naturelle*, liv. XI, 38.

([4]) Les cossus qui s'engendrent dans le bois guérissent les ulcères. — PLINE, liv. XXX, 39.

bem ut vermes ponticos glutiat, itâ eos despicit ut muscas, millepedias et lacertos (1).

Ainsi, en résumant les citations de ces deux auteurs, le Cossus vit dans le chêne ; il a la tête noirâtre, le corps blanc et replet. Il était d'un grand revenu pour ceux qui possédaient des arbres dans lesquels on le trouvait ; on le mangeait après l'avoir nourri de farine ; et cette sorte de ver qui faisait les délices des habitants du Pont et de la Phrygie, était dédaignée par les peuples de la Syrie, de l'Arabie et de l'Afrique.

Le Cossus ne peut donc être la chenille à laquelle Linné a appliqué ce nom, car cette chenille est rougeâtre. Elle dégorge d'ailleurs, quand on la saisit, une humeur visqueuse, fétide et si désagréable, qu'il serait difficile de concevoir qu'on pût la manger avec plaisir.

Plusieurs raisons sembleraient militer en faveur de l'opinion de Geoffroy. La larve de la *C. palmarum*, généralement connue sous le nom de *ver palmiste*, était regardée, dans certaines contrées de l'Asie méridionale, comme un morceau succulent. « Au dessert, dit Élien, le roi des Indiens ne se régale pas comme les Grecs du fruit des palmiers nains, mais il se fait servir un ver qui naît dans l'intérieur de l'arbre. Ce petit animal rôti, est, dit-on, un mets délicieux (2). » Telle est encore la manière dont on mange ces sortes de vers en Afrique et dans diverses parties de l'Amérique, où ils sont

(1) Dans le Pont et dans la Phrygie, les pères de familles regardent comme un de leurs grands revenus, certains vers à tête noirâtre, au corps replet, prenant naissance dans le bois. Manger ces xylophages, est chez ces peuples une aussi grande preuve de luxe, que chez nous de servir le ganga, le bec-figue, le rouget ou le scare, dont nous faisons nos délices....; mais engagez un Syrien, un Arabe, un Africain à se régaler de ces sortes de vers, il les dédaignera comme si on lui présentait des mouches, des mille-pieds ou des lézards.

(2) Ælien, *De naturâ animalium*, liv. XIV, chap. 13.

très-recherchés, au dire de Loyer ([1]), Sibille Mérian ([2]), Labat ([3]), Fermin, Leblond ([4]) et autres voyageurs.

Un autre motif non moins spécieux semblerait devoir porter à admettre l'opinion de Geoffroy. Le nom sous lequel sont connues, dans le Nouveau-Monde, les larves en question, dérive, comme l'a fort bien remarqué Joseph Scaliger ([5]) du latin *cossus*, transformé plus tard en *cusus* dont les Espagnols ont fait *gusano*, qui correspond à notre mot *ver* pris dans un sens assez étendu. Mais ces larves au lieu d'habiter le chêne, vivent exclusivement dans les palmiers : et ce genre d'arbres n'est pas propre à l'Italie. Ceux que le luxe y avait introduits et qui, d'ailleurs, ne portaient point de fruits, étaient indigènes de l'Afrique ; or, ce ne pouvait être de là qu'était venu l'exemple de manger le Cossus, puisqu'il était dédaigné par les peuples de ces contrées.

Swammerdam, après avoir eu la pensée que la larve de l'Oryctès nasicorne pouvait être le Cossus des anciens, a été le premier à élever des doutes sur la validité de ses soupçons : « Peut-être, dit-il, faut-il rapporter le Cossus à une autre espèce de Scarabé ; car, pour être susceptibles de flatter notre goût, les vers que j'indique devraient préalablement être soumis à un jeûne assez long pour leur permettre de se délivrer de matières sordides contenues dans leur corps ([6]). » Les Oryctès, d'ailleurs, ajouterons-nous, se ca-

---

([1]) *Histoire générale des voyages*. Paris, 1747, t. III, p. 432.

([2]) Mérian, *De generatione et metamorphosibus insectorum surinamensium*. Agere comitum, 1726, p. 48 et pl. 48.

([3]) Labat, *Nouveau voyage aux îles de l'Amérique*. La Haye, 1724, t. I, p. 140.

([4]) Ces larves, dit Leblond, sont assez dégoûtantes et soulèvent d'abord le cœur ; mais on s'y accoutume, et l'on finit par trouver ces *gusanos* excellents. *Journal des voyages*, t. XXX, p. 276.

([5]) Cossos *posteà* cusos *invenio vocatos* : *unde Hispani vocant* Gusanos. Voyez Festus, annoté par J. Scaliger.

([6]) Swammerdam, *Biblia naturæ*, 1737, in-fol, t. I, p. 318.

chent dans leur enfance, soit dans le terreau, soit au pied des racines, au lieu d'habiter l'intérieur des arbres.

La larve du hanneton nous paraîtra-t-elle, à plus juste titre, devoir être considérée comme l'être vermiforme recherché des gastronomes romains? Avant de combattre cette opinion, émise par un homme dont le nom, dans la science, est d'un aussi grand poids que celui de Latreille, rapportons les paroles de cet entomologiste célèbre : « ....les larves de quelques grands Capricornes toujours cachées dans les troncs des arbres, et pas assez abondantes, n'auraient pu suffire à la consommation. Festus, en parlant des Cossus, dit qu'ils sont ventrus et paresseux. L'étymologie de ce mot indique un corps ridé, plié, et quelques personnages consulaires étaient, pour cette raison, nommés *Cossi*. Peut-être aussi l'emploi du même nom dérive de la même source, en désignant l'obésité et, au figuré, l'opulence. Ceux de ces insectes qui vivaient dans les chênes ou plutôt dans les chênaies et qui étaient les plus grands, étaient préférés. D'après toutes ces données, je crois, avec Mouffet et quelques autres naturalistes, que le Cossus des anciens était la larve du hanneton ordinaire ([1]). »

Tous ces raisonnements en apparence si bien motivés, reposent malheureusement sur des données hypothétiques ou inexactes. Latreille, en traçant ces lignes, a été abusé par l'infidélité de ses souvenirs, ou il s'est borné à lire Festus dans Mouffet, dans Jonston ou tout autre paraphraseur de ce genre, car il lui a fait avancer ce qu'on chercherait vainement dans le texte de cet auteur; il est facile d'en juger : *Cossi*, dit l'écrivain latin, *ab antiquis dicebantur naturâ rugosi corporis homines, à similitudine vermium in ligno editorum, qui cossi appellantur*. Le Cossus, comme on voit, n'est point qua-

---

([1]) Latreille, *Cours d'entomologie*, p. 60.

lifié de ventru ni de paresseux; on ne lui donne point un corps plié, caractères dont la réunion signalerait assez bien une larve de Lamellicorne. Ce n'est pas non plus dans les chênaies, mais dans le bois ou le tronc des chênes, *in ligno*, comme l'indiquent formellement les trois auteurs ci-dessus nommés, que cet être vermiforme prenait naissance. Il est donc impossible de rapporter ce dernier à la larve du hanneton, dont le séjour est souterrain et la nourriture bornée aux racines des végétaux. Enfin, si certains personnages consulaires, grâces aux douceurs de la vie dont ils jouissaient, acquéraient un embonpoint suffisant pour être appelés *Cossi*, ce surnom n'était pas réservé aux citoyens élevés à la même dignité, il était donné à tous les hommes *naturâ corporis rugosi*, c'est-à-dire non couverts de rides, car celles-ci sont une flétrissure du temps ou les tristes signes d'une vieillesse prématurée, mais chargés de ces plis qu'un sybarite étale avec complaisance, quand, brillant d'un teint frais et vermeil comme celui du prélat chanté par Boileau,

Son menton sur son sein descend à triple étage.

C'est, en effet, à la plénitude de son corps que dut le surnom de *Cossus* un des aïeux de cet A. Cornélius qui tua de sa propre main le roi Tolumnius [1]. C'est de là que paraissent aussi être venus les noms de *cossutius*, *cossinus*, *cossuvius*, *cossuvianus*. Divers auteurs prétendent même que cette dénomination de *cossus* aurait été donnée en prénom, opinion combattue avec succès par Gaëtan Marini [2] et quelques autres écrivains.

La comparaison dont se servaient les anciens, revenait donc à celle que nous employons fréquemment dans le style

---

(1) Tite-Live, IV, 19.

(2) *Atti e monumenti de' fratelli* Arvali. Roma, 1795, p. 86.

familier, quand, cherchant à donner une idée de l'embonpoint d'une personne, nous le comparons à celui d'un moine.

Ce passage de Festus a fait également commettre quelques inexactitudes à un autre savant d'un grand mérite et d'un vaste savoir : « Selon Pline, dit M. Duméril [1], c'est du nom de cet insecte que les hommes trapus étaient appelés *Cossi*, étymologie d'où, suivant Suétone, *Cossuna*, femme de César, avait tiré son nom. » Le naturaliste français attribue ainsi à Pline les paroles de Festus ; il donne à une partie de cette phrase un sens qui ne semble pas le véritable ; il travestit, par un *lapsus calami*, *Cossutia* en *Cossuna* ; il prête enfin à Suétone une étymologie que celui-ci n'indique pas.

Revenons au Cossus. Si nous devions le retrouver dans la larve d'un Lamellicorne, il serait plus rationnel de le chercher avec Rœsel, dans celle du cerf-volant ou de certaines Cétoines, la *fastuosa*, par exemple, espèces qui habitent l'intérieur des arbres ; mais ces créatures offrent dans le volume et la couleur de leur abdomen, quelque chose de repoussant. D'ailleurs, les écrivains dont nous avons invoqué le témoignage, auraient probablement fait mention des pieds de ces petits animaux ; ils leur auraient surtout appliqué l'épithète de ventrus qui leur convient à si bon droit : leur silence à cet égard doit nous porter à penser que le Cossus, selon l'opinion d'Olivier et de plusieurs autres, est la larve du *Cerambyx heros* ou de quelque espèce voisine. Celle-ci en effet présente tous les caractères indiqués par les seules sources auxquelles nous puissions recourir : elle vit dans le chêne ; elle a la tête, au moins en partie, noirâtre ; le corps blanc est d'une obésité remarquable ; enfin, on peut l'élever assez facilement en la nourrissant de farine.

---

[1] *Dictionnaire des sciences naturelles*, t. II, p. 9.

Saint Jérôme (1), dans un autre passage que Cœlius Rhodiginus (2) cherche gratuitement à dénaturer, nous apprend que les adorateurs de Cybèle et d'Isis s'imposaient, entre autres privations, celle de manger le Cossus. Moins dévots envers la mère des dieux, les philosophes ne poussaient peut-être pas le scrupule aussi loin; et, sans doute, Athénée nous aurait donné sur ce sujet des particularités inconnues, si le *Banquet des Savants* (3) nous fût parvenu dans son entier. Que ne nous aurait pas appris Varron, le plus docte des Romains, si, moins malheureuse que la plupart de ses ouvrages, sa satire *sur les repas* (4) eût résisté aux ravages du temps! Comment ce mets recherché a-t-il pu être oublié dans le dîner somptueux donné le jour de l'inauguration de Lentulus en qualité de flamine de Mars (5)? Pourquoi n'est-il pas mentionné dans le repas non moins célèbre de l'opulent Trimalchion (6)? Par quelle cause, enfin, ni Martial (7), ni Stace (8), ni les deux ou trois gourmands qui ont popularisé par leurs excès le nom d'Apicius (9), ni aucun des autres écrivains auxquels nous devons des détails sur l'art culinaire des anciens, n'ont-ils jamais cité le Cossus? Ceci nous con-

(1) Nos adversaires se complaisent dans leur abstinence de certaines nourritures, comme si la superstition des Gentils n'épargnait pas le Cossus, par respect pour la mère des dieux et pour Isis. *Traité contre Jovinien*, liv. II, p. 78, traduction de M. Collombet,

(2) *Ludovici Cœlii Rhodigini lectionum antiquarum*, liv. XXX, p. 257.

(3) *Deipnosophia*,

(4) Varron avait composé une satire sur les repas, dans laquelle il citait les meilleurs mets. Aulu-Gelle, *Noct. anticæ*, liv. VII, 6.

(5) Macrobe, *Saturn.*, cap. IX.

(6) Petrone.

(7) Martial, *Epigr.* IX, 48-XI, 53.

(8) Stace. *Silvæ* IV, 6.

(9) On doit à Cœlius Apicius un traité *De re culinariâ*, ouvrage perdu pendant longtemps, et retrouvé en 1529 dans l'île de Maguelone, sous l'épiscopat de Guillaume Pelissier, dernier évêque de ce lieu.

duira à répondre à une objection soulevée par Latreille, relativement à la difficulté de trouver une assez grande quantité de larves de *Cerambyx* pour satisfaire les goûts des gastronomes romains; certes, cette difficulté n'eût pas été grande, si la larve du hanneton avait été l'espèce de ver recherché par eux; car, dans certaines années elle est malheureusement si multipliée dans quelques localités, qu'on pourrait en recueillir près d'un cent par mètre carré. Or, quand Pline et saint Jérôme disent que c'était un luxe de manger des Cossus, ceux-ci devaient être rares sur des tables où un plat de foie de lotes n'était pas une preuve de somptuosité. Les pères de famille pouvaient les considérer comme un de leurs grands revenus, dans un pays où l'art d'engraisser des paons procura soixante mille sesterces de rentes à Aufidius Lurcon. Leur valeur devait être considérable, chez un peuple où un Asinus Celer a pu payer un rouget huit mille sesterces; où un cuisinier coûtait autant qu'un triomphe; où enfin, nul mortel ne paraissait d'un plus haut prix, que l'esclave doué des plus grands talents culinaires, c'est-à-dire, le plus habile dans l'art de ruiner son maître.

DESCRIPTION

DE

QUELQUES COLÉOPTÈRES

NOUVEAUX OU PEU CONNUS

DE LA TRIBU DES **LONGICORNES**,

SUIVIES

D'OBSERVATIONS

SUR DIVERSES ESPÈCES DE CETTE TRIBU,

Par E. MULSANT.

(Présentées à l'Académie des sciences, belles-lettres et arts de Lyon, le 7 janvier 1851.

FAMILLE DES **PRIONIENS**.

Ergates opifex.

Dessus du corps d'un brun de poix. Prothorax sensiblement relevé en rebord en devant, et plus sensiblement à la base ; rugueux en dessus, mais lisse ou comme marqué d'une cicatrice sur son milieu. Elytres d'un brun rouge, chargées de deux ou trois nervures longitudinales peu élevées.

Long. 0,045 (20 l.) Larg. 0,0160 (8 l.)

♀ *Tête* d'un brun de poix ; rugueuse ; creusée entre les antennes d'un sillon assez profond, prolongé en forme de ligne jusqu'au vertex. *Yeux* bruns ; peu échancrés. *Antennes* grêles ; à premier article renflé ; ponctuées ; dépassant à peine la moitié de la longueur des élytres. *Prothorax* sensiblement relevé en rebord en devant, et d'une manière plus marquée à la base; crénelé, sans rebord et armé après le milieu d'une petite épine, de chaque côté; à angles non émoussés; brun; fortement rugueux en-dessus, mais lisse ou comme marqué d'une cicatrice sur le milieu de la ligne médiane; creusé sur celle-ci d'un sillon longitudinal. *Elytres* d'un brun rouge; subruguleusement ponctuées; chargées de deux ou trois nervures ou lignes longitudinales peu élevées, n'atteignant pas l'extrémité. *Pieds* bruns ou d'un brun rougeâtre.

Patrie : l'Algérie.

Cette espèce a beaucoup d'analogie avec l'*E. Faber;* mais l'exemplaire unique dont je dois la communication à la complaisance de M. le capitaine Godart, diffère du Prionien précité, par une taille plus allongée; par son prothorax moins régulièrement crénelé sur les côtés, sillonné longitudinalement sur sa partie médiaire, rebordé en devant, comme marqué d'une cicatrice sur son milieu; par ses élytres proportionnellement plus longues, plus finement ruguleuses, et chargées de nervures plus apparentes. Je n'ai vu que la ♀.

FAMILLE DES **CÉRAMBYCINS**.

Clytus angusticollis.

Corps d'un noir brun, pubescent. Prothorax renflé dans son milieu, d'un quart plus long que large. Elytres épineuses à l'angle postéro-externe; ornées chacune d'un trait, d'une ligne arquée, d'un point et de deux bandes, d'un duvet blanc : le trait, naissant de la fossette humérale : la ligne arquée, naissant après l'écusson, prolongée en se courbant en dehors : le point, juxta-marginal, vers le quart de la longueur : la bande antérieure, vers les trois cinquièmes : la postérieure, apicale.

Long. 0,009 (4 l.) Larg. 0,0032 (1 l.)

Corps allongé; subconvexe. *Tête* noire; assez finement ponctuée; plane sur sa partie antérieure et revêtue sur celle-ci d'un duvet cendré; marquée d'une suture épistomale; rayée sur le front d'une ligne parfois peu apparente, non prolongée jusqu'à la partie postérieure; chargée d'une petite saillie corniculiforme au côté interne de la base de chaque antenne. *Yeux* bruns; très-échancrés. *Antennes* un peu moins longues que le corps (♀), ou un peu plus longues que lui (♂); de onze articles : le premier, renflé; le deuxième court, subglobuleux; les suivants, grêles, filiformes; le troisième, un peu plus long que le quatrième; noires ou d'un brun noir, à la base, graduellement brunes ou rougeâtres à l'extrémité; revêtues d'un duvet cendré ou cendré obscur; ciliées en dessous de leurs premiers articles. *Prothorax* tronqué et muni d'un rebord étroit, en devant et à la base; oblong, renflé dans son milieu; d'un quart plus long que large; convexe; ponctué ou très-finement chagriné; noir ou d'un noir brun; garni d'un duvet cendré obscur; orné, à la base, d'une bordure d'un duvet blanc très-largement interrompue, ou seulement marqué de blanc aux angles postérieurs. *Ecusson* revêtu d'un duvet blanc. *Elytres* d'un tiers plus larges en devant que le prothorax à sa base; un peu plus larges que lui dans son diamètre transversal le plus grand; deux fois et demie aussi longues que celui-là; subarrondies aux épaules; presque parallèles jusqu'aux quatre cinquièmes de leur longueur, rétrécies ensuite; obliquement coupées chacune à l'extrémité, en formant un angle rentrant vers la suture; épineuses à l'angle postéro-externe; convexes; pointillées; d'un noir brun; garnies d'un duvet soyeux de même couleur; ornées chacune d'un trait ou ligne courte, d'une ligne arquée, d'un point et de deux bandes d'un duvet blanc : le trait, naissant de la fossette humérale, parfois réduit à un état ponctiforme, ordinairement prolongé en forme de ligne courte jusqu'au sixième de la longueur : la ligne arquée, naissant à la suture, après l'écusson, dont elle est séparée par un espace ordinairement égal au diamètre de celui-ci, commençant généralement par un renflement ponctiforme, obliquement prolongée, en se courbant en dehors et en se renflant vers son extrémité, jusqu'aux deux septièmes de la longueur et les deux septièmes de la largeur : le point, situé près du bord externe, vers le quart de la longueur, paraissant la continuation de la ligne arquée qui serait interrompue : la bande antérieure, un peu obliquement transversale, située vers les trois cinquièmes de la longueur, graduellement élargie et avancée en devant, sur la suture, courbée en arrière vers le côté externe qu'elle atteint à peine ; la bande postérieure, apicale. *Dessous du corps* noir : garni d'un duvet cendré : épimères du médipectus, postépisternum et mésosternum revêtus d'un duvet blanc : trois premiers arceaux du ventre ornés postérieurement d'une bordure d'un duvet de même couleur, large latéralement, presque interrompue dans son milieu. *Pieds* grêles ; allongés ; pubescents : cuisses noires : jambes et tarses bruns ou d'un brun rougeâtre.

Patrie : la Gallicie.

Cette espèce m'a été communiquée par M. le capitaine Gaubil.

Obs. Elle diffère du *Clytus plebejus* par la ligne arquée des élytres isolée de l'écusson. Elle se distingue des *C. massiliensis* et *Pelterii*, par l'existence du trait naissant de la fossette. Elle s'éloigne de ces trois espèces, par son prothorax plus allongé et plus étroit.

FAMILLE DES **LAMIENS**.

Dorcadion hispanicum.

Corps noir. Tête ornée, au moins à partir du milieu du front, de deux bandes d'un duvet blanc, prolongées sur le prothorax de chaque côté de la ligne médiane : celle-ci, lisse, luisante, rayée longitudinalement. Elytres ornées chacune de deux bandes longitudinales d'un duvet blanc, couvrant la moitié interne de la largeur, à peine séparées entre elles et de la suture : l'externe, postérieurement rétrécie et raccourcie, et d'une bande semblable, courte, ne couvrant que le quart postérieur de la longueur.

Long. 0m,0123 (5 1/2 l.) Larg. 0m,0036 (1 2/3).

Corps allongé ; subfusiforme. *Tête* ponctuée ; rayée longitudinalement, sur sa région médiaire d'une ligne naissant de la partie antérieure de l'épistome, élargie postérieurement après la base des antennes, lisse et luisante sur ses bords ; noire ; parée de deux bandes d'un duvet blanc, un peu arquées en dehors et ordinairement moins apparentes sur la moitié antérieure du front, plus denses et plus apparentes à partir de la base des antennes. *Yeux* d'un brun noir ; profondément échancrés. *Antennes* épaisses à la base, décroissant très-sensiblement de grosseur jusqu'à l'extrémité ; à peine plus longuement prolongées que les deux tiers ou trois quarts du corps ; de onze articles : le premier, renflé, aussi long que les deux suivants réunis ; le second, court, cupiforme ; le troisième, à peine plus long que le quatrième ; le dernier, rétréci dans sa seconde moitié et comme formé de deux (♂) ; noires, garnies d'un duvet à peu près de même couleur. *Prothorax* tronqué ou faiblement arqué en devant, et moins insensiblement arqué en sens opposé à la base ; à peine ou très-étroitement rebordé à ses bords antérieur et postérieur ; muni de chaque côté d'un tubercule très-obtus ; noir ; lisse et luisant sur son milieu, ou paré sur celui-ci d'une bande longitudinale, noire, lisse et luisante, couvrant le cinquième médiaire environ de sa largeur et longitudinalement rayée d'une ligne dans son milieu ; ornée de chaque côté de cette partie lisse, d'une bande d'un duvet blanc formant chacune la continuation de celle de la tête : chacune de ces bandes blanches presque aussi large que la partie médiaire ; assez finement ponctué sous ces bandes ; rugueusement ponctué latéralement et chargé d'une sorte d'empâtement près de chaque bande, un peu après le milieu. *Ecusson* noir ; glabre; luisant. *Elytres* d'un cinquième plus larges en devant que le prothorax à ses angles postérieurs ; à peine plus larges à la base que le segment prothoracique dans son milieu ; deux fois et demie à peine aussi longues que lui ; près de trois fois aussi longues que larges chacune dans son milieu, c'est-à-dire faiblement élargies jusqu'aux deux cinquièmes de leur longueur, et rétrécies ensuite ; obtusément arrondies chacune à l'extrémité ; faiblement convexes sur le dos, assez brusquement rabattues sur les côtés aux épaules, et d'une manière graduellement moins prononcée postérieurement ; d'un noir luisant ; ruguleusement ponctuées dans leur moitié externe ; ornées, sur leur moitié interne, de deux bandes longitudinales d'un duvet blanc : l'interne, de largeur uniforme, presque égale au cinquième de la largeur, joignant à peu près le rebord sutural (qui forme avec son pareil une ligne suturale glabre), prolongée de la base à l'extrémité : l'autre, un peu plus large, liée, à la base, à la précédente, prolongée, en se rétrécissant vers son extrémité, jusqu'aux six septièmes de leur longueur ; parées en outre vers l'extrémité, en dehors de la bande externe, d'un lambeau de bande semblable, presque lié au bord postérieur, avancé, en se rétrécissant, jusqu'aux trois quarts postérieurs de la longueur ; offrant une bordure postéro-externe étroite et peu apparente. *Dessous du corps* et *pieds*, noirs ; assez finement ponctués ; subruguleux ; garnis d'un duvet presque de même couleur. Jambes intermédiaires échancrées sur l'arête supérieure : garnies d'un duvet fauve sur cette échancrure. Sole des tarses revêtue d'un duvet de même couleur.

Patrie : l'Espagne.

Cette espèce m'a été envoyée par M. Perris, comme étant le *Dorcadium hispanicum* du catalogue Dejean. Je n'ai vu que le ♂.

Phytæcia Wachanrui.

Tête et prothorax en majeure partie d'un rouge orangé : la première, ornée d'une ligne longitudinale médiaire et de cinq points noirs (trois, à la partie postérieure : un, sur le milieu du front : un, sur l'épistome) : le second, orné sur le disque de trois points de même couleur, obtriangulairement disposés, et, de chaque côté, de deux autres, liés et presque confondus avec la bordure noire. Elytres d'un noir brun, garnies d'un duvet cendré peu épais. Ecusson blanc. Pieds intermédiaires et postérieurs, noirs, avec un anneau crural voisin du genou et la moitié basilaire des jambes, d'un jaune rouge.

Long. 0m,0112 (5 l.) Larg. 0m,0033 (1 1/2 l.)

Tête densement ponctuée; hérissée d'un duvet grisâtre peu épais; d'un rouge orangé, avec une partie du labre, le bord antérieur de l'épistome, la majeure partie des tempes, une tache au côté interne de la base des antennes, une ligne longitudinale étroite, prolongée du milieu de l'occiput au bord antérieur du labre, et cinq points, noirs : trois, liés au bord postérieur; un, sur le milieu du front; un, moins apparent sur l'épistome. *Palpes* et *mandibules* noirs. *Yeux* noirs; très-échancrés. *Antennes* à peine aussi longues que le corps (♂); filiformes; de onze articles; noires, avec les deux cinquièmes postérieurs de la partie inférieure du premier article, d'un jaune rouge : troisième et quatrième articles, en partie obscurément rougeâtres; revêtues d'un duvet court, gris ou cendré grisâtre. *Prothorax* d'un quart moins long que large; tronqué presque en ligne droite et très-étroitement rebordé en devant et à la base; sensiblement arqué sur les côtés, subparallèle près du bord postérieur; convexe; densement ponctué; hérissé de poils cendrés clairsemés; d'un rouge jaune ou orangé, avec les côtés, les bords antérieur et postérieur et sept points, noirs : trois, sur le disque, obtriangulairement disposés : le postérieur, situé au devant de l'écusson, lié à la bordure basilaire : les deux antérieurs, tuberculeux, situés de chaque côté de la ligne médiane : les quatre autres, situés, deux de chaque côté : l'un, lié à la base, près de l'angle postérieur : l'autre, plus antérieur, uni au basilaire précité, et presque confondu avec la bordure noire latérale. *Ecusson* en demi-cercle ou obtriangulaire; revêtu d'un duvet blanc. *Elytres* d'un tiers plus larges en devant que le prothorax à ses angles postérieurs; quatre à cinq fois aussi longues que lui; à fossette humérale médiocrement marquée; subsinueusement rétrécies d'avant en arrière; arrondies à la partie externe de leur extrémité; coupées obliquement ou en angle rentrant dans la moitié interne de celle-ci; presque planes ou subsillonnées longitudinalement, en dessus, brusquement inclinées sur les côtés; d'un noir brun; garnies d'un duvet cendré, en partie hérissé, en partie presque couché : peu distinctement pointillées, mais marquées de points très-apparents presque carrés ou en losange, graduellement affaiblis d'avant en arrière. *Dessous du corps* d'un noir ardoisé; hérissé d'un duvet cendré peu épais : moitié antérieure du dernier anneau d'un jaune orangé. *Pieds* en partie d'un noir ardoisé; hérissés de poils cendrés, principalement sur les jambes : seconde moitié des cuisses de devant et jambes des antérieures, extrémité des cuisses intermédiaires à leur partie supérieure ou un anneau à la partie inférieure, un anneau voisin du genou aux cuisses postérieures et moitié basilaire des jambes intermédiaires et postérieures, d'un jaune rouge.

Patrie : la Turquie.

Je l'ai dédiée à mon ami M. Wachanru, de Marseille, dont la modestie égale le zèle et les talents.

Obs. Je n'ai vu que le ♂.

Cette espèce a quelque analogie avec la *Ph. Jourdani*; elle s'en distingue facilement par le point noir latéral antérieur du prothorax non situé sur la même ligne transversale que les deux tuberculeux, lié au point basilaire extérieur et à la couleur noire des côtés; par son écusson blanc; par ses élytres garnies d'un duvet moins dense, et différemment colorées; par le dernier arceau ventral seulement offrant du jaune rouge sur sa moitié antérieure; par la couleur de ses pieds.

Phytœcia Gaubilii.

Corps noir, revêtu en dessus d'un duvet ardoisé. Tête garnie en devant d'un duvet cendré jaunâtre. Prothorax chargé longitudinalement, sur la ligne médiaire, d'une carène obtuse, d'un rouge jaune à sa partie antérieure, revêtue ensuite d'un duvet d'un blanc sale; orné de chaque côté d'une bande de duvet semblable. Pieds ardoisés : moitié antérieure des cuisses de devant et jambes de la même paire, d'un rouge jaune.

♂. Dernier arceau du ventre creusé d'une fossette.

Long. 0m,01000 (4 1/2 l.) Larg. 0m,0032 (1 1/2 l.)

Tête d'un noir ardoisé; densement ponctuée; bombée en devant; couverte depuis le labre jusqu'à la base des antennes d'un duvet cendré jaunâtre graduellement plus cendré d'avant en arrière, ornée d'un duvet grisâtre au bord interne de la seconde moitié des yeux, presque nue sur la partie postérieure de la tête; hérissée de poils obscurs ou grisâtres, peu épais; rayée d'une ligne longitudinale médiaire, prolongée depuis l'occiput jusqu'au milieu du front. *Mandibules* noires, revêtues à leur côté externe d'un duvet cendré jaunâtre. *Yeux* noirs; très-profondément échancrés ou divisés. *Antennes* à peine aussi longuement prolongées que le corps (♂); de onze articles; filiformes; d'un gris brunâtre, avec les côtés du premier article et la base des suivants, cendrés; hérissées en dessous de cils peu nombreux. *Prothorax* d'un quart environ moins long que large; tronqué presque en ligne droite, et assez étroitement rebordé en devant et à la base; assez faiblement arrondi sur les côtés; convexe; pointillé; chargé longitudinalement sur son milieu d'une carène obtuse ne paraissant commencer qu'au cinquième de la longueur; noir, garni d'un duvet ardoisé; d'un rouge jaune à la partie antérieure de la carène, c'est-à-dire du quart à la moitié de la longueur, revêtu ensuite sur celle-ci d'un duvet assez long, d'un blanc sale ou jaunâtre; orné de chaque côté d'une bande longitudinale d'un duvet semblable; hérissé de poils obscurs peu épais. *Ecusson* en demi-cercle; revêtu d'un duvet blanc cendré. *Elytres* d'un tiers plus larges en devant que le prothorax à ses angles postérieurs; d'un quart plus larges que lui dans son diamètre transversal le plus grand; quatre fois environ aussi longues que ce dernier; subsinueusement rétrécies d'avant en arrière; obliquement tronquées chacune à leur extrémité, en formant un angle rentrant à la suture; émoussées à l'angle sutural; planes ou subcanaliculées longitudinalement sur leur disque, brusquement inclinées sur les côtés et d'une manière moins prononcée postérieurement; à fossette humérale peu profonde; marquées de points très-apparents, presque carrés ou en losange, graduellement affaiblis d'avant en arrière; noirâtres, mais revêtues d'un duvet gris ardoisé. *Dessous du corps* noir ardoisé; garni d'un duvet cendré jaunâtre. *Pieds* noirâtres, garnis d'un duvet gris ardoisé : seconde moitié des cuisses de devant et jambes des mêmes pieds, d'un rouge jaune.

Patrie : l'Algérie (cercle de la Calle).

Elle m'a été obligeamment communiquée par M. Gaubil, auteur d'un catalogue synonymique des Coléoptères d'Europe et d'Algérie. Je la lui ai dédiée.

Phytæcia vulnerata.

Dessus du corps d'un noir brun, revêtu d'un duvet cendré ardoisé. Prothorax paré d'une tache d'un rouge pâle, suborbiculaire, couvrant ordinairement les deux tiers médiaires de sa largeur. Deux derniers tiers des cuisses, et trois cinquièmes basilaires des jambes, d'un rouge jaune.

♀. Dernier arceau ventral rayé d'une ligne longitudinale.

Long. 0m,0135 (6 l.) Larg. 0m,0036 (1 2/3 l.)

Tête bombée en devant; marquée de points contigus et généralement ombiliqués; garnie d'un duvet cendré, et hérissée de poils longs et clairsemés, sur le front, presque nue sur sa partie postérieure, mais visiblement pubescente près du bord interne postérieur des yeux. *Palpes* noirs. *Yeux* noirs, profondément échancrés. *Antennes* prolongées jusqu'aux quatre cinquièmes de la longueur du corps (♀), probablement aussi longues que lui (♂); subfiliformes; de onze articles : le premier, renflé : le second, court, subglobuleux : le troisième, presque égal au premier et au quatrième, ou à peine plus long que chacun de ceux-ci; revêtues d'un duvet cendré ardoisé. *Prothorax* un peu moins long que large; tronqué et rebordé en devant et à la base; sensiblement renflé latéralement dans son milieu; ponctué; noirâtre, mais revêtu d'un duvet cendré ardoisé; orné sur son disque d'une tache d'un rouge pâle, peu nettement limitée, couvrant ordinairement du sixième aux quatre cinquièmes de la longueur et les deux tiers médiaires de la largeur. *Ecusson* revêtu d'un duvet cendré. *Elytres* d'un tiers plus larges en devant que le prothorax; quatre fois environ aussi longues que lui; subsinueusement rétrécies et plus sensiblement dans le dernier quart; obliquement tronquées et un peu échancrées chacune à l'extrémité, en formant un angle rentrant à la suture; planes ou faiblement canaliculées longitudinalement sur leur disque, brusquement inclinées sur les côtés, et d'une manière moins prononcée postérieurement ; à fossette humérale peu profonde ; marquées de points très-apparents, presque carrés ou en losange, sériément disposés, graduellement affaiblis d'avant en arrière ; noirâtres, mais revêtues d'un duvet cendré ardoisé. ***Dessous du corps*** noirâtre et revêtu d'un duvet cendré ardoisé : cinquième arceau du ventre d'un rouge pâle ; rayé sur son milieu d'une ligne longitudinale (♀). ***Pieds***, garnis d'un duvet cendré ; d'un rouge pâle ou jaunâtre : quart ou tiers basilaire des cuisses, genoux et deux cinquièmes postérieurs des jambes intermédiaires et postérieures et tous les tarses, noirs, ou d'un noir cendré par l'effet du duvet. Jambes intermédiaires obliquement échancrées sur l'arête supérieure. Crochets des tarses bifides, ou munis chacun d'une forte dent basilaire plus courte que l'externe.

Cette belle espèce dont je dois la communication à M. le capitaine Gaubil, se trouve dans les environs de Rome ; elle a été prise aussi près d'Hyères par M. Foudras.

Je n'ai vu que la ♀.

Phytæcia Ledereri.

Corps noir, mais revêtu d'un duvet gris cendré ou cendré ardoisé. Prothorax paré d'une raie longitudinalement médiaire flavescente. Cinquième arceau du ventre d'un rouge jaune. Cuisses, moins la base, et de plus l'extrémité des postérieures, et jambes de devant, d'un rouge jaune.

Tête bombée et marquée en devant de points ombiliqués contigus, plus gros vers le front, plus petits en se rapprochant de l'épistome ; plus finement et plus densement ponctuée postérieurement ; rayée d'une ligne longitudinale légère, à peine prolongée ou non prolongée jusqu'à l'épistome ; ornée de chaque côté de cette ligne, près du côté interne de la seconde moitié des yeux, d'une bande courte d'un duvet flavescent ou cendré flavescent. ***Palpes*** noirs. ***Yeux*** noirs, très-profondément échancrés, presque divisés. ***Antennes*** noires, mais revêtues d'un duvet gris ; parcimonieusement ciliées en dessous; au moins aussi longuement prolongées que le corps (♂); de onze articles : le premier renflé : les troisième et quatrième presque égaux, les plus longs. *Prothorax* tronqué en devant et d'une manière très-légèrement bissinueuse à la base; très-étroitement rebordé à ses parties antérieure et postérieure; subcylindrique ou légèrement arqué sur les côtés; à peine aussi long qu'il est large dans son milieu; convexe; marqué de points contigus et ombiliqués sur les côtés, plus petits et plus serrés sur le dos; noir, mais revêtu d'un duvet gris cendré : ce duvet relevé sur la ligne médiane en une sorte de faible carène flave ou d'un flave testacé. *Ecusson* en demi-cercle; revêtu d'un duvet gris cendré. *Elytres* d'un tiers plus larges en devant que le prothorax à ses angles postérieurs; près de quatre fois aussi longues que lui; faiblement et subsinueusement rétrécies jusqu'aux deux tiers ou un peu moins et plus sensiblement de là à l'extrémité; obliquement tronquées, ou en angle rentrant, à celle-ci; presque planes en dessus, mais très-légèrement déprimées longitudinalement sur leur majeure partie médiaire, et paraissant chargées d'une ligne longitudinale élevée et très-obtuse naissant après la fossette humérale, convexement déclives sur les côtés; marquées de points presque carrés, subsériément disposés, plus gros près de la base, graduellement plus petits vers l'extrémité; noires ou d'un noir brun, mais revêtues d'un duvet gris cendré ou cendré ardoisé. *Dessous du corps* de même couleur que le dessus et revêtu d'un duvet gris cendré : cinquième ou dernier arceau du ventre d'un rouge jaune. *Pieds :* cuisses d'un rouge jaune, avec la base noire; genoux des postérieures également noirs : jambes antérieures d'un rouge jaune; les autres et tous les tarses, noirs, revêtus d'un duvet gris cendré : jambes intermédiaires échancrées sur l'arête supérieure. *Ongles* bifides, ou armés d'une forte dent vers le milieu de la longueur.

Patrie : l'Espagne.

Obs. Cette espèce m'a été envoyée par M. Jules Lederer, naturaliste de Vienne (Autriche), à qui je l'ai dédiée. Je n'ai vu que le ♂.

Phytæcia tigrina.

Dessus du corps d'un noir gris, garni de mouchetures d'un blanc légèrement ardoisé : partie postérieure de la tête et prothorax ornés d'une bande longitudinale médiaire formée d'un duvet semblable. Dessous du corps revêtu d'un duvet pareil ; ponctué de brun.

♂. Segment anal creusé d'une fossette.

Long. 0m,0090 (4 l.) Larg. 0m,0028 (1 1/4 l.)

Tête bombée en devant ; ponctuée ; revêtue à sa partie antérieure d'un duvet cendré flavescent ; ornée sur le milieu de sa partie postérieure d'une ligne longitudinale, formée d'un duvet blanc légèrement ardoisé ; parée autour des yeux d'une bordure d'un duvet semblable ; hérissée de poils obscurs longs et clairsemés. *Yeux* bruns noirs ; très-profondément échancrés. *Antennes* prolongées jusqu'aux trois quarts environ de la longueur du corps ; de onze articles : le premier, renflé : le deuxième, petit, subglobuleux : les suivants, subfiliformes : le troisième au moins aussi long que le premier et un peu plus que le quatrième ; revêtues d'un duvet blanc légèrement ardoisé ; annelées de brun, en dessus, dans la seconde moitié de presque tous les articles et dans la moitié médiaire du dernier. *Prothorax* d'un quart ou d'un cinquième moins long que large ; tronqué en ligne droite ou à peine arquée, en devant ; très-subsinueusement tronqué à la base ; médiocrement arrondi sur les côtés ; grossièrement ponctué ; noir ou d'un noir gris, parsemé de mouchetures d'un blanc légèrement ardoisé ; chargé longitudinalement sur son milieu d'une bande étroite ou sublinéaire formée par un duvet serré, de même couleur ; hérissé de poils obscurs longs et clairsemés. *Ecusson* revêtu d'un duvet blanc cendré sur sa moitié antérieure, d'un noir gris et presque glabre sur sa moitié postérieure. *Elytres* d'un tiers plus larges en devant que le prothorax à sa base; d'un quart ou d'un cinquième plus larges que ce dernier dans son diamètre transversal le plus grand; quatre à cinq fois aussi longues que lui; rétrécies presque uniformément jusqu'aux quatre cinquièmes et plus sensiblement à partir de ce point; obliquement tronquées chacune à l'extrémité, en formant à la suture un angle rentrant; presque planes en dessus; assez brusquement rabattues sur les côtés vers l'angle huméral et d'une manière graduellement affaiblie postérieurement; aspèrement ponctuées et, par là, paraissant presque granuleuses; noires ou d'un noir gris; mouchetées d'un duvet d'un blanc légèrement ardoisé; presque glabres, ou garnies sur les intervalles existants entre ces mouchetures de poils noirs ou obscurs, grossiers et couchés. *Dessous du corps* et *pieds* revêtus d'un duvet blanc légèrement bleuâtre ou ardoisé; ponctués de brun noir. Jambes intermédiaires obliquement échancrées sur l'arête externe. Crochets des tarses ferrugineux; munis chacun d'une dent interne à la base de leurs branches.

Patrie : les environs de Grasse (Var).

Je n'ai vu que le ♂.

Notes recueillies à Londres dans l'examen de la collection de Linné, pour servir à la synonymie de divers Longicornes.

Cerambyx cerdo. L'espèce typique décrite sous ce nom est bien le *C. heros* de Scopoli, comme l'indique l'ouvrage synonymique de Schönherr. Sous la même dénomination se trouvent deux exemplaires du *C. cerdo*, considérés par Linné comme une variété plus petite, ou dubitativement comme le ♂ de l'espèce.

Cerambyx tristis. Le type paraît être un *Morimus funestus*, à côté duquel se trouve un individu du *Morimus tristis*, FABR.

Cerambyx cardui, est, ainsi que l'avait signalé Schönherr, l'*Argapanthia suturalis*, FABR.

Cerambyx liciatus, est un *Clytus* différent de l'*hafniensis*, FABR.

Cerambyx ebulinus, n'est autre chose que le *Cartallum ruficolle*. Olivier l'avait déjà considéré comme une variété de ce dernier, et Illiger avait rappelé cette observation (Magaz. t. 4. p. 116).

Leptura rustica. C'est le *Clytus hafniensis*, FABR.

Leptura verbasci. Sous ce nom sont des *Clytus ornatus* qui sont évidemment typiques, mêlés à des individus du *Clytus 4-punctatus*, FABR., qui, peut-être, ont été placés postérieurement.

Notes diverses relatives aux Longicornes.

GENRE **PRINOBIUS**.

Les insectes de cette coupe se rapprochent de ceux du genre *Macrotoma*, SERVILLE : ils en diffèrent par les jambes intermédiaires et postérieures inermes ; par les antennes moins longues que le corps, à deuxième article plus court que les trois suivants pris ensemble ; par le premier article des tarses moins long que les deux suivants réunis, etc. Ils ont aussi de l'analogie avec ceux du genre *Ergates*, SERVILLE : ils s'en éloignent par la forme de leurs mandibules ; par leurs antennes moins longues que le corps (♂) ; par leur prothorax armé d'épines vers ses angles ; par leurs jambes antérieures subépineuses sur l'arête inférieure, au moins chez le ♂ ; par les jambes antérieures munies d'un seul véritable éperon, par le mésosternum peu ou point échancré postérieurement.

Stenopterus præustus ; FABRICIUS.

Obs. La variété que j'ai désignée sous le nom de *ater*, dans mon Histoire naturelle des Coléoptères de France, p. 114, est exclusivement propre à la ♀. Celle-ci est souvent entièrement noire, excepté les antennes qui sont moins obscures, à partir du cinquième article. Elle se distingue d'ailleurs facilement du ♂, par la forme de l'extrémité de son ventre. Chez la ♀, le ventre, plus sensiblement rétréci, à partir de l'extrémité du premier arceau, offre le cinquième à peu près aussi long que large à la base, rétréci d'avant en arrière, presque en forme de cône obtus, tronqué ou légèrement échancré à son bord postérieur, et le sixième arceau, rétréci plus fortement, souvent peu apparent ou caché, est sans division. Chez le ♂, le cinquième arceau ventral, de plus de moitié moins long que large, est tronqué à son extrémité, et le sixième, plus ou moins apparent, est divisé en deux lobes.

Phytæcia flavescens.

M. Brullé ayant déjà donné le nom de *flavescens* à une *Saperda*, je désignerai sous celui de *flavicans* la *Phytæcia* que j'avais appelée *flavescens*.

Leptura rufipennis.

Obs. Lorsque j'ai décrit cette espèce, je ne connaissais que le ♂. La ♀ que je dois à l'obligeance de M. Wachanru, qui l'a prise dans le midi de la France, se distingue de l'autre sexe, par ses antennes plus épaisses, ne dépassant pas les trois quarts de la longueur du corps; à dernier article plus court et assez brusquement rétréci vers son extrémité. Elle a la partie rouge des pieds d'une teinte plus foncée et moins jaune, et offre les cuisses antérieures noires sur leur tiers basilaire : les cuisses intermédiaires et postérieures noires : les jambes et les tarses postérieurs presque entièrement noirs.

TABLEAU SYNOPTIQUE

DES LYCIDES,

OU DES ESPÈCES DU GENRE LYCUS QUI SE RENCONTRENT DANS LES ENVIRONS DE LYON.

(Inséré dans les Annales de la Société d'Agriculture de Lyon, t. 1 (mai 1838), p. 77 et suiv.)

Linné avait réuni avec les Lampyres des insectes très-rapprochés d'eux par les formes, mais privés, dans les deux sexes, de la faculté de répandre cette lueur phosphorescente qui a fait nommer *vers luisants* ceux qui la possèdent.

Fabricius les en détacha sous le nom de *Lycus*, et admit, en même temps, le genre *Omalisus* formé par Geoffroy sur une espèce analogue, qui était restée inconnue au Pline du Nord.

Illiger, en adoptant le genre de l'entomologiste de Kiel, en sépara, pour les placer avec les Omalises, tous ceux dont la bouche n'est pas prolongée en museau.

M. Schœnherr, trouvant ce caractère insuffisant comme générique, réunit ces deux coupes sous le nom de *Lycus*.

Latreille, dans la dernière édition du Règne animal de Cuvier, divisa ces insectes d'une manière nouvelle :

Le nom de *Lycus* fut réservé à des espèces, toutes exotiques, ayant la bouche prolongée en un museau aussi long ou plus long que la partie de la bouche qui le précède.

Sous la dénomination de *Dictyopterus*, il rangea celles qui ont le museau nul ou très-court; les antennes comprimées, à troisième article plus long que le précédent; les articles intermédiaires des tarses en forme de cœur renversé.

Le genre *Omalisus* eut pour caractères : point de museau sensible : antennes presque cylindriques, à deuxième et troisième articles beaucoup plus courts que les suivants ; articles intermédiaires des tarses allongés et cylindriques.

Depuis cette époque, M. le comte Dejean, dans le catalogue des insectes de sa collection, a formé aux dépens des Dictyoptères, le genre *Lygistopterus*, dont il n'a pas encore publié les caractères, mais qui se rapproche de celui de *Lycus* tel que Latreille l'avait établi dans l'ouvrage précité.

A ces coupes, déjà trop nombreuses peut-être, je proposerai l'addition d'une nouvelle, dont l'établissement est devenu nécessaire pour donner place à une espèce intermédiaire entre les Dictyoptères et les Omalises.

Mais, il faut l'avouer, ces divisions génériques dont la réunion forme le groupe des Lycides, sont plutôt des jalons destinés à conduire avec plus de facilité à la connaissance des espèces, que des genres véritables, tels que Latreille dans son Cours d'entomologie, tels que MM. Audouin et Brullé ont cherché à les établir, c'est-à-dire fondés sur l'observation des métamorphoses et des habitudes des insectes. Tous ceux, en effet, qui rentrent dans notre cadre ont les mêmes mœurs, et, sous le rapport des formes extérieures, sont séparés par des nuances qui s'affaiblissent et s'effacent d'une manière si graduelle, qu'on passe d'une coupe à l'autre par des transitions presque insensibles.

Les antennes et le corselet de ces petits animaux, les élytres surtout, par leurs différents modes de réticulation, présentent des caractères spécifiques auxquels on ne s'est peut-être pas assez attaché ; j'ai donc cru devoir les signaler dans les tableaux suivants, comprenant toutes les espèces rencontrées jusqu'à ce jour dans un rayon de vingt lieues autour de Lyon, et parmi lesquelles il en est une inédite.

TABLEAU DES GENRES.

Bouche	prolongée en un petit museau. (Elytres non réticulées)			LYGISTOPTERUS.
	sans museau sensible.	3ᵉ article des antennes plus grand que la moitié du suivant, souvent aussi long que lui. (Elytres en réseau). . . .		DICTYOPTERUS.
		2ᵉ et 3ᵉ articles égaux; le 3ᵉ plus petit que la moitié du suivant.	Articles intermédiaires des tarses triangulaires ou en forme de cœur renversé. (Elytres en réseau.	PYROPTERUS.
			Articles intermédiaires des tarses cylindriques. (Elytres presque en réseau). . . .	OMALISUS.

Lygistopterus [1], Dejean, *inédit*.

L. sanguineus, Linné. Corps noir; corselet inégal, rebordé, sillonné et marqué dans son milieu d'une tache noire plus large postérieurement; élytres presque lisses ou chargées de petites côtes peu apparentes sous le duvet rouge dont elles sont couvertes. Schoen., t. III, p. 74, n. 32.

Commun dans les chantiers et dans les bois.

Dictyopterus [2], Latreille.

(Elytres chargées de quatre côtes longitudinales et d'autres lignes moins élevées qui se croisent en forme de réseau.)

Espace compris entre chaque côte	séparé par des mailles régulièrement disposées sur deux rangées.	Antennes unicolores ayant leur	4ᵉ article plus long que les 2ᵉ et 3ᵉ réunis. .	RUBENS.
			4ᵉ article moins long que les 2ᵉ et 3ᵉ réunis.	AURORA.
		Dernier article des antennes d'un jaune orangé.		MINUTUS.
	séparé par des mailles irrégulières, tantôt uniques, tantôt doubles			MERCKI.

[1] Λυγίζω, je plie; πτερὸν, aile. — Elytres flexibles.

[2] *Dictyopterus* et non *Dyctyopterus*, comme on l'a imprimé par erreur dans le catalogue de M. le comte Dejean : δίκτυον, réseau; πτερὸν, aile. — Elytres en réseau.

D. rubens, SCHOEN. Corps noir; corselet d'un rouge soyeux plus obscur sur son disque, rebordé, chargé d'une petite carène, croisée par une ligne onduleuse moins élevée. Elytres rouges, soyeuses. SCHOEN., t. III, p. 76, n. 47, et *Append.*, p. 31, n. 50.

Il a été trouvé du côté d'Annonay; je l'ai reçu de M. Boyer de Fonscolombe.

D. aurora, FAB. Corps noir; corselet à bords relevés rouges, chargé de côtes qui divisent sa surface en cinq aires plus obscures, dont celle du milieu en losange. Elytres rouges, soyeuses. SCHOEN., t. III, p. 76, n. 36.

Il se trouve à Pilat et dans les montagnes du Lyonnais.

D. minutus, FAB. Corps noir; corselet de même couleur, rebordé, chargé de côtes qui divisent la moitié antérieure de sa surface en quatre aires et la postérieure en trois. Elytres rouges, soyeuses. SCHOEN., t. 3, p. 75, n. 35.

On le trouve à Pilat et moins rarement dans les Alpes.

D. Mercki, NOB. Corps noir; corselet à bords antérieur et latéraux rouges et relevés, chargés de côtes qni divisent la moitié antérieure de sa surface en quatre aires, et la postérieure en trois. Elytres rouges.

Je l'ai trouvé à Pilat et à Saint-Laurent-d'Agny, dans les montagnes du Lyonnais.

Tête noire, infléchie, à front sillonné et prolongé en pointe au-delà de la base des antennes. Bouche sans museau; mandibules rouges. Antennes plus longues que la moitié du corps, noires, soyeuses, de onze articles : le deuxième, petit, globuleux; le troisième égal au suivant ou plus grand que lui; le dernier faiblement rougeâtre à son extrémité. Corselet à peine plus large que la tête dont il laisse la majeure partie à découvert, presque en parallélogramme, un peu plus long que large, faiblement arqué en devant; rouge et relevé sur ses bords antérieur et latéraux, noir dans son disque jusqu'à sa base; chargé de côtes qui divisent la moitié antérieure de sa surface en quatre aires, dont les deux intermédiaires plus étroites, et la postérieure en trois, dont la médiaire beaucoup plus petite. Ecusson allongé, noir, bifide à son extrémité. Elytres d'un quart plus larges que le corselet à sa base; quatre à cinq fois plus longues que lui; parallèles, planes; rouges; chargées de quatre côtes longitudinales, séparées entre elles par des mailles irrégulières, ordinairement uniques, quelquefois doubles transversalement. Dessous du corps et pieds d'un noir brillant; cuisses comprimées, marquées d'une fossette longitudinale; dessous des tarses bruns.

J'ai dédié cette espèce à M. Merck, entomologiste lyonnais.

Pyropterus [1], Nob.

(Elytres en réseau ou chargées de quatre côtes longitudinales séparées entre elles par une seule rangée de mailles).

P. affinis, Payk. Corps noir; corselet de même couleur, rebordé, chargé de côtes qui divisent sa surface en cinq aires, dont celle du milieu en fer de lance renversé. Elytres rouges. Schoen., t. III, p. 76, n. 38.

On le trouve à Pilat.

Omalisus [2], Geoff.

(Elytres presque en réseau ou chargées de neuf côtes, séparées chacune par une rangée de points profondément enfoncés).

---

[1] Πῦρ, feu; πτερὸν, aile. — Elytres couleur de feu.

[2] ὁμαλίζω, j'aplanis. On devrait écrire *Homalisus*, ainsi que l'a fait Illiger.

O. suturalis, FAB. Corps noir ; corselet noirâtre à surface onduleuse, à angles postérieurs prolongés en pointe. Elytres d'un rouge safrané, marquées le long de la suture d'une bande noirâtre s'élargissant graduellement en se rapprochant du corselet. SCHOEN., t. III, p. 75, n. 34.

On le trouve, mais assez rarement, dans les montagnes du Lyonnais.

DESCRIPTION

D'UNE

ESPÈCE NOUVELLE DU GENRE SCYMNUS

(COLÉOPTÈRES SÉCURIPALPES.)

PAR

E. MULSANT et Cl. REY.

(Présentée à la Société impériale d'agriculture, d'histoire naturelle et des arts utiles de Lyon, dans sa séance du 11 février 1859.)

Scymnus nanus.

Ovale; assez convexe; pubescent; très-finement et obsolètement pointillé; d'un noir de poix brillant; avec une grande tache oblongue, longitudinale, d'un rouge fauve, sur les élytres. Antennes, palpes et pieds d'un testacé fauve. Plaques abdominales en forme de V, atteignant les deux tiers de l'arceau.

État normal. Elytres d'un rouge fauve dans leur partie discale; parées, chacune dans leur périphérie, d'une bordure noire plus large à l'angle scutellaire ainsi qu'à l'angle apical.

Variations du prothorax.

Le prothorax est, dans l'état normal, d'un brun de poix, avec les côtés ordinairement un peu moins obscurs, et le bord antérieur toujours paré d'une étroite bordure plus pâle. Mais, dans les variations des élytres par défaut, il devient souvent d'un rouge fauve avec une teinte obscure en son milieu, ou bien entièrement d'un rouge testacé.

Variations des élytres (par défaut).

Var. A. Elytres d'un rouge fauve plus ou moins testacé, sans traces de bordure noire.

Var. B. Elytres d'un rouge fauve plus ou moins testacé, parées à la région scutellaire d'une grande tache triangulaire plus ou moins obscure, et commune aux deux étuis.

Var. C. Elytres d'un rouge fauve plus ou moins testacé, parées chacune, vers l'écusson et à la base de la suture, d'une bordure noire graduellement rétrécie d'avant en arrière et n'atteignant pas l'extrémité; et, sur les côtés, d'une étroite bordure de même couleur, n'atteignant ni la base ni l'extrémité : de sorte que les élytres paraissent parées, chacune dans sa périphérie, d'une bordure noire, incomplète et interrompue aux épaules et à la partie postérieure de la suture.

Long. 0,0001 à 0,0013 — Larg. 0,0007 à 0,0008.

Corps ovalaire; assez convexe; garni en dessus d'un duvet cendré, peu serré; court et couché.

Tête transversale; presque plane; médiocrement penchée; très-finement pointillée; d'un brun de poix, quelquefois plus ou moins roussâtre. *Chaperon* légèrement sinué en son milieu, cilié de poils cendrés. *Labre* transversal; largement arrondi à son bord antérieur; d'un brun de poix, quelquefois plus ou moins roussâtre. *Palpes* d'un testacé plus ou moins clair. *Yeux* grands, peu convexes, toujours d'un noir profond.

Antennnes courtes, finement pubescentes, testacées.

Prothorax transversal; une fois plus court que large; plus étroit que les élytres; un peu peu plus étroit en avant qu'en arrière; très-légèrement arrondi sur les côtés; largement et faiblement échancré au sommet, subbissinué à la base, avec le lobe médian assez fortement prolongé en arrière en angle très-ouvert et arrondi au sommet; très-finement rebordé à la base et à ses côtés; avec les angles antérieurs déclives, assez saillants et émoussés, et les postérieurs légèrement obtus; faiblement convexe en dessus; pubescent; très-finement et obsolètement pointillé; d'un brun de poix assez brillant, un peu moins obscur sur les côtés, passant souvent au rouge fauve ou testacé.

Ecusson petit, triangulaire; d'un noir de poix brillant; obsolètement pointillé.

Elytres près de quatre fois aussi longues que le prothorax dans son milieu; ovalaire; s'élargissant en ligne courbe à partir des épaules jusque près du milieu; se rétrécissant un peu de ce point jusque vers l'extrémité où elles sont largement et simultanément arrondies; à peine incourbées chacune à l'angle sutural qui est presque droit et très-peu émoussé; étroitement rebordées latéralement; assez convexes en dessus; pubescentes; aussi finement et aussi obsolètement ponctuées que le prothorax; d'un brun de poix assez brillant; avec le disque de chaque étui paré d'une grande tache oblongue, longitudinale, d'un rouge fauve, et qui envahit quelquefois toute la surface aux dépens de la matière obscure. *Calus huméral* assez saillant.

Dessous du corps d'un brun de poix assez brillant, plus ou moins obscur, avec la partie postérieure ordinairement plus pâle. *Ventre* légèrement pubescent, finement pointillé. *Métasternum* assez fortement ponctué sur les côtés, lisse et glabre en son milieu. *Plaques pectorales* incomplètes, arquées, prolongées jusqu'au tiers de la longueur comprise entre les hanches intermédiaires et postérieures; offrant leur bord externe oblitéré et n'atteignant point l'épisternum du métathorax. *Plaques abdominales* en forme de V ou d'angle peu émoussé au sommet, complètes, prolongées à peine jusqu'aux deux tiers de l'arceau; moins densement et plus fortement ponctuées que le reste du ventre.

Pieds courts; finement pubescents; d'un fauve testacé, avec les tibias et les tarses ordinairement un peu plus clairs.

Patrie. Cette petite espèce habite les parties méridionales de la France, et même les environs de Lyon où elle est très-rare.

Obs. Elle a beaucoup d'analogie avec le *Scymnus discoideus*,

Schneid., dont elle diffère par une taille de moitié moindre ; par ses élytres un peu moins convexes, beaucoup plus finement et superficiellement pointillées ; par ses plaques pectorales moins courtes, à côté externe oblitéré avant d'arriver à l'épisternum ; par ses plaques abdominales plus étroites, plus aiguës et moins arrondies postérieurement ; par son ventre moins fortement ponctué à la base ; et enfin par ses pieds toujours d'une couleur plus claire.

DESCRIPTION

EE

DEUX NOUVELLES ESPÈCES DE COLÉOPTÈRES

DE LA TRIBU DES **LAMELLICORNES**,

dont l'un sert à former un nouveau genre

DANS LA FAMILLE DES **TROGIDIENS**.

Par E. MULSANT.

(Présentée à l'Académie des sciences, belles-lettres et arts de Lyon, le 18 février 1851.)

FAMILLE DES **APHODIENS**.

Aphodius luridipennis.

Allongé, médiocrement convexe et luisant, en dessus. Suture frontale sans tubercules. Prothorax brun ou d'un brun noir. Elytres d'un flave fauve livide; à stries étroites, peu profondes, ponctuées et non crénelées.

Long. 0,0036 (1 2/3 l.) Larg. 0,0014 (2/3 l.)

Chaperon en demi-hexagone; concavement abaissé et fortement échancré en devant; médiocrement auriculé; sensiblement relevé en rebord sur les côtés; à angles antérieurs presque en forme de dent et subcarénés. *Tête* penchée; subdéprimée; marquée de points médiocrement rapprochés; chargée sur la suture frontale d'une légère ligne élevée; sans tubercules; brune ou d'un brun noir luisant. *Prothorax* à peine échancré, et sans rebord en devant; à angles antérieurs à peine avancés; faiblement arqué sur les côtés; en arc dirigé en arrière, à la base; très-étroitement rebordé à celle-ci et latéralement; médiocrement convexe en dessus; marqué de points un peu plus gros que ceux de la tête; brun ou d'un brun noir luisant, sensiblement moins obscur sur les côtés. *Elytres* égales en largeur, en devant, au prothorax à ses angles postérieurs; deux fois et quart aussi longues que lui; subsinueusement parallèles des épaules aux trois cinquièmes, arrondies postérieurement; médiocrement convexes; d'un flave fauve livide, luisant, avec la suture et le bord externe brunâtres; à stries étroites, peu profondes, ponctuées, peu ou point crénelées; intervalles plans ou à peine convexes; pointillés. *Dessous du corps* et *pieds* fauves ou d'un fauve brunâtre.

Patrie : l'Algérie.

Cette espèce m'a été communiquée par M. le capitaine Godard. Elle doit être placée près de l'*A. nitidulus*.

FAMILLE DES **TROGIDIENS**.

GENRE **EREMAZUS**; Eremaze.

(Ἐρημάζω, je fréquente les lieux solitaires).

Caractères. *Pieds intermédiaires* aussi rapprochés que les autres à leur naissance. *Ecusson* visible. *Elytres* embrassant l'abdomen dans son pourtour et cachant le pygidium. *Epistome* tronqué en devant. *Labre* transverse; débordant faiblement l'épistome et laissant à découvert la majeure partie des mandibules, qui sont cornées. *Antennes* insérées au devant des yeux, sous un faible rebord de la tête; à premier article hérissé de cils. *Yeux* très-rétrécis en dessus par les joues et par le front, faiblement visibles près des angles de devant du prothorax : celui-ci non sillonné. *Palpes maxillaires* à dernier article le plus long de tous, rétréci de la base à l'extrémité. *Ventre* moins long que les deux derniers segments pectoraux. *Cuisses* renflées. *Jambes de devant* fortement tridentées au côté externe. *Tarses* rétrécis à partir de l'extrémité du premier article : celui-ci, en triangle allongé. *Ongle* unique. *Corps* suballongé.

Obs. Les antennes étaient incomplètes sur l'exemplaire unique soumis à mon examen.

Les insectes de cette coupe, par la forme de leur corps, se rapprochent des premiers Pleurophorates, dont ils s'éloignent par la grosseur de leurs cuisses. Ils ont plus d'analogie avec les Psammodiaires et semblent servir à unir ceux-ci aux Trogidiens.

Eremazus unistriatus.

Suballongé et subparallèle ; d'un fauve obscur sur la tête et sur le prothorax, plus pâle et plus roussâtre sur les élytres : celles-ci rayées d'une strie naissant du calus et offrant postérieurement les traces de deux autres stries.

Long. 0,0036 (1 2/3 l.) Larg. 0,0014 (2/3 l.)

Corps suballongé. *Epistome* tronqué en devant ; à peine rebordé dans sa périphérie ; laissant une partie notable des mandibules à découvert. *Tête* convexement déclive ; d'un fauve obscur ; ruguleuse ou papilleuse. *Prothorax* médiocrement échancré à sa partie antérieure ; sans rebord, mais paré d'une bordure d'un flave fauve ; à angles antérieurs avancés en forme de dent ; presque droit et cilié en dessous, sur les côtés ; en arc dirigé en arrière et sans rebord, à la base ; convexe ; d'un fauve obscur ; pointillé. *Ecusson* très-apparent ; arrondi à sa partie postérieure. *Elytres* un peu moins larges en devant que le prothorax à ses angles postérieurs ; deux fois et quart aussi longues que lui ; subparallèles ou faiblement élargies jusqu'aux deux tiers ; arrondies postérieurement ; peu fortement convexes en dessus ; fauves ou d'un fauve roux pâle ; marquées de points moins petits que ceux du prothorax ; rayées chacune d'une strie sulciforme naissant du calus et prolongée jusqu'à l'extrémité ; offrant postérieurement chacune deux autres stries : l'une, juxta-suturale : l'autre, entre celle-ci et la strie complète. ***Dessous du corps*** d'un roux fauve ; hérissé de poils blonds assez longs. ***Pieds*** d'un fauve obscur.

PATRIE : l'Algérie.

Cette espèce m'a été communiquée par M. le capitaine Godard.

DESCRIPTION

DE PLUSIEURS

ESPÈCES NOUVELLES DE COLÉOPTÈRES,

DE LA TRIBU DES HYDROCANTHARES.

Par E. MULSANT et GODART,

(Présentée à la Société Linnéenne de Lyon, le 12 décembre 1859.)

Agabus foveolatus.

Oblongo-ovalis, vix convexus, postice depressiusculus, subtilissime punctulato-substrigosus, sublus nitidus, supra subopacus, niger; thoracis disco leviter bifoveolato; elytris fuscis, extrorsum gradatim fusco-ferrugineis, margine inferiori ferrugineo; antennis pedibusque ferrugineis, femoribus nigris.

Long. 0,0072 (3 1/4 l.) — Larg. 0,0061 (2 2/3 l.).

♂ Trois premiers articles des tarses antérieurs et intermédiaires un peu dilatés, garnis de poils, en dessous.

♀ Trois premiers articles des tarses antérieurs et intermédiaires glabres ou à peu près, en dessous.

Corps en ovale allongé, très légèrement convexe et légèrement déprimé en arrière; en ogive ou subarrondi à l'extrémité. *Tête* superficiellement pointillée ou rugulosule; rayée, au côté interne des yeux, d'un sillon ponctué; notée sur la suture frontale des deux fossettes ordinaires; noire, avec le labre ferrugineux ou d'un ferrugineux obscur, avec les extrémités souvent noirâtres, au moins après la mort. *Palpes* et *antennes* testacés ou d'un testacé ferrugineux, avec le dernier article des palpes parfois obscur à son extrémité. *Prothorax* légèrement arqué en avant, sur la majeure partie de son bord antérieur, avec les angles de devánt avancés, embrassant la moitié postérieure du côté externe des yeux; élargi en ligne un peu courbe d'avant en arrière, sur les côtés; sensiblement arqué en arrière et à peine subsinué, à la base; à angles postérieurs un peu plus ouverts que l'angle droit; trois fois environ aussi large à son bord postérieur qu'il est long sur son milieu; très-médiocrement convexe; très-étroitement rebordé sur les côtés, sans rebord en devant et à la base; très-superficiellement pointillé; marqué d'une rangée de points, après son bord antérieur; noté, au devant de la base, d'une rangée semblable, mais interrompue dans son tiers médiaire; rayé sur les trois cinquièmes postérieurs de la ligne médiane, d'une raie très-légère ou en partie peu distincte; noté, vers les deux cinquièmes de sa longueur, de chaque côté de la ligne médiane, d'une fossette transverse; d'un noir peu ou point luisant, avec le rebord marginal ferrugineux. *Ecusson* en triangle plus large que long; noir; superficiellement pointillé. *Elytres* faiblement élargies jusqu'à la moitié, puis faiblement rétrécies jusqu'aux trois cinquièmes, plus sensiblement rétrécies ensuite jusqu'à l'angle sutural, en ogive à l'extrémité; quatre fois aussi longues que le prothorax sur son milieu; peu convexes, surtout postérieurement; brunes ou d'un noir brun près de la suture, graduellement d'un brun roussâtre ou ferrugineux près des bords latéraux; peu luisantes, peu distinctement ou très-superficiellement pointillées; marquées de trois lignes peu régulières de points enfoncés assez petits, et parsemées de points semblables. *Repli* d'un roux ferrugineux; graduellement et faiblement rétréci depuis sa partie antérieure jusqu'à la moitié du premier arceau ventral, presque réduit à une tranche à partir de ce point. *Dessous du corps* noir; luisant; ruguleux. *Cuisses* noires, pointillées ou rugulosules : les antérieures et intermédiaires ponctuées. *Tibias* et *tarses* d'un rouge testacé légèrement brunâtre ou ferrugineux : les tibias antérieurs et intermédiaires spinosules à leurs deux bords et sur leur surface : les postérieurs, garnis de petites épines à leur bord interne, presque inermes à l'externe et marqués près de celui-ci d'une rangée de points. *Premier article des tarses postérieurs* aussi long que les deux suivants réunis.

Cette espèce a été découverte par M. Raymond, dans les montagnes du département des Basses-Alpes, à plus de deux milles mètres au-dessus du niveau de la mer.

Obs. Elle se rapproche des *A. uliginosus* et *congener*. Elle diffère de l'un et de l'autre par l'absence de taches rouges sur le vertex; elle s'éloigne du premier, par son prothorax noir, excepté le rebord marginal, par ses cuisses noires : du second, par toutes ses cuisses noires; de tous les deux, par les deux petites fossettes du disque de son prothorax.

Hydroporus atropos.

Oblongo-ovalis, parum convexus, vix nitidulus, niger, antennis et palpis basi testaceis; thorace elytrisque punctulatis, parce pubescentibus. Thorace transversim vix foveolato, postice in medio producto scutelliformi.

Long. 0,0036 à 0,0045 (1 2/3 à 2 l. — Larg. 0,0018 à 0,0022 (4/5 à 1 l.)

Corps ovale-allongé; peu convexe; à peine luisant. *Tête* noire; peu luisante; superficiellement ou peu distinctement pointillée; glabre; marquée sur le front de points visibles, assez petits et peu serrés; notée de deux fossettes, près de la suture frontale qui est indistincte. *Labre* noir. *Palpes* testacés ou d'un testacé livide et souvent un peu obscur à la base, avec l'extrémité noire ou obscure. *Antennes* d'un testacé livide sur les quatre premiers articles, noires sur les autres; à troisième et quatrième articles un peu plus petits chacun que les autres. *Yeux* bruns; presque à angle droit, à leur angle postéro-interne. *Prothorax* presque en ligne droite ou à peine arqué en devant sur la majeure partie de son bord antérieur, avec les angles de devant avancés jusqu'à la partie postérieure ou jusqu'au cinquième postérieur des yeux; élargi en ligne peu courbe d'avant en arrière; en ligne un peu obliquement dirigée en arrière sur les deux tiers externes de son bord postérieur, puis sinué et prolongé en arrière en forme de triangle plus large que long et scutelliforme, dans le milieu de sa base; trois fois aussi large à celle-ci qu'il est long vers chaque sinuosité basilaire; muni de chaque côté d'un rebord très-étroit et peu saillant; sans rebord à la base; très-médiocrement convexe; ordinairement marqué, vers les trois cinquièmes de sa longueur, de diverses dépressions faibles ou peu apparentes, constituant parfois une dépression transversale souvent interrompue; noir; peu luisant; marqué de petits points, donnant chacun naissance à un poil noir et couché. *Elytres* aussi larges en devant que le prothorax à sa base; cinq fois environ aussi longues que celui-ci vers chacune de ses sinuosités; oblongues, à peine élargies jusque vers la moitié de leur longueur, rétrécies ensuite en ligne graduellement plus courbe, en ogive à l'extrémité; offrant à la partie antérieure de leur suture un angle rentrant, correspondant au prolongement scutelliforme du prothorax; munies d'un rebord latéral étroit, peu ou point apparent en dessus; peu convexes; d'un noir peu luisant; marquées de petits points peu épais, donnant, comme ceux du prothorax, naissance à un poil noir, fin et couché. *Repli* subgraduellement rétréci jusqu'à l'extrémité des hanches postérieures, presque réduit à une tranche à partir de ce point ; étroitement rebordé à son côté interne ; noir ; garni de quelques poils. ***Dessous du corps*** noir, peu luisant, densement et presque imperceptiblement pointillé ; marqué de points très apparents et médiocrement épais, donnant chacun naissance à un poil noir, très-fin, couché, peu distinct. ***Pieds*** noirs : les antérieurs moins obscurs, ou parfois d'un brun roussâtre aux extrémités de la cuisse et d'une partie des tibias et des tarses. ***Cuisses*** presque impointillées. ***Tibias postérieurs*** lisses, marqués d'une rangée de points près de leur bord externe. *Eperons* et *ongles* d'un fauve testacé. ***Tarses*** postérieurs garnis de poils raides ou subspinosules de même couleur, à l'extrémité de leurs articles.

Cette espèce a été prise par M. Raymond, dans les montagnes des Basses-Alpes, à plus de deux mille mètres de hauteur.

Obs. Elle se rapproche, par sa forme, de l'*H. memnonius.*

Steneloplus humeratus.

Oblongus, parum convexus, niger ; thorace subquadrato, posticè utrinque foveolato, foveis punctatis, angulis posticis subrotundatis ; elytris striatis, suturâ et margine exteriori postice testaceis, maculâ humerali fusco-rubrâ ; interstitiis planis, humerali subsulcato, posticè seriatim punctato ; thoracis margine tenui, antennarum basi pedibusque pallide testaceis.

(Long. 0,0067 (3 l.) — Larg. 0,0022 (1 l.)

Corps suballongé ; peu convexe ; luisant. ***Tête*** ovalaire ; rétrécie après les yeux ; noire, lisse, luisante ; légèrement rebordée au côté interne des yeux ; marquée d'une fossette près de chaque bord interne des antennes. ***Labre*** noir ou d'un noir brun ; garni de quelques poils. ***Mandibules*** d'un noir brun, avec l'extrémité un peu moins obscure. ***Palpes maxillaires*** d'un flave testacé, avec la moitié antérieure du dernier article ou une tache sur cette première moitié, noirâtre. *Antennes* à peine prolongées jusqu'au quart des élytres; subfiliformes : les quatrième et cinquième articles un peu plus gros : les deux premiers luisants et peu garnis de poils : les autres mats et hérissés de poils : le premier, d'un flave testacé ou d'un flave testacé livide : les deuxième et troisième noirs, avec l'extrémité d'un flave testacé : les autres noirs. *Yeux* saillants; séparés du bord antérieur du prothorax par un espace égal au tiers environ de leur diamètre longitudinal. *Prothorax* à peine plus large en devant que la tête dans son diamètre transversal le plus grand; en ligne à peu près droite à son bord antérieur, avec les angles de devant émoussés; obtusément et irrégulièrement arqué sur les côtés, c'est-à-dire élargi en ligne un peu courbe jusqu'aux deux cinquièmes, puis rétréci en ligne presque droite jusqu'aux angles postérieurs, sensiblement plus étroit à ses angles qui sont subarrondis, qu'aux antérieurs; plus large que long; muni d'un rebord latéral assez étroit; sans rebord à la base; noir, luisant, avec le rebord marginal d'un testacé ferrugineux; imponctué; marqué après le bord antérieur d'une impression ou d'un relief très-léger en arc dirigé en arrière; noté, près de la base, de deux impressions densement ponctuées, presque arrondies, occupant chacune la majeure partie de l'espace compris entre les angles postérieurs et la ligne médiane; rayé sur celle-ci d'une ligne légère. *Ecusson* en triangle, à côtés curvilignes; noir; imponctué. *Elytres* d'un sixième environ plus larges en devant que le prothorax à ses angles postérieurs; trois fois environ aussi longues que lui; arrondies aux épaules, puis subparallèles jusqu'aux quatre cinquièmes, rétrécies ensuite en ligne courbe et subsinuée jusqu'à l'angle sutural; ne couvrant pas les deux derniers arceaux de l'abdomen; peu convexes; munies d'un rebord latéral étroit, visible en dessus; luisantes; d'un brun noir, avec le quart ou le tiers postérieur du rebord ou le bord marginal et de la suture d'un testacé ou ferrugineux livide; ornées chacune d'une tache humérale d'un brun ferrugineux ou d'un brun rouge à limites indécises, prolongée ordinairement jusqu'au quart de la longueur et étendue environ jusqu'à la moitié de la largeur; rayées chacune de neuf stries et d'une strie juxta-suturale rudimentaire : les troisième et cinquième stries un peu raccourcies postérieurement : les autres terminales ou subterminales. *Intervalles* plans ou à peu près; lisses; imponctués : le juxta-marginal creusé en sillon médiocrement profond depuis l'épaule jusqu'au sixième de la longueur, marqué, sur sa seconde moitié, d'une rangée de six à huit points attenant à la huitième strie : cette rangée interrompue dans son milieu. *Repli* légèrement rebordé à son côté interne; subgraduellement rétréci jusqu'à l'extrémité du premier arceau ventral, puis très-étroit et postérieurement réduit à une tranche; noir, avec la partie antérieure de la couleur de la tache humérale. *Dessous* du corps noir; luisant; imponctué. *Pieds* d'un flave testacé plus pâle ou plus livide sur les cuisses que sur les tibias et les tarses.

Cette espèce a été prise à Hyères, par M. Raymond.

TABLE

DES ESPÈCES DÉCRITES.

Coléoptères.

Larves.

Diptères.

FIN DE LA TABLE.

Ouvrages du même Auteur.

HISTOIRE NATURELLE DES COLÉOPTÈRES DE FRANCE.

— LONGICORNES. *Paris*. 1839. 1 vol. in-8.
— LAMELLICORNES. *Paris*. 1842. 1 vol. in-8.
— PALPICORNES. *Paris*. 1844. 1 vol. in-8.
— SULCICOLLES. — SECURIPALPES. *Paris*. 1846. 1 vol. in-8.
— HÉTÉROMÈRES. LATIGÈNES. — *Paris*. 1854. 1 vol. in-8.
— PECTINIPÈDES. *Paris*. 1855. 1 vol. in-8.
— BARBIPALPES. — LONGIPÈDES. — LATIPENNES. *Paris*, 1856. 1 vol. in-8.
— VÉSICANTS. *Paris*. 1857. 1 vol. in.8.
— ANGUSTIPENNES. *Paris*. 1858. 1 vol. in-8.
— ROSTRIFÈRES. *Paris*, 1859. 1 vol. in-8.
— ALTISIDES, par C. Foudras. *Paris*, 1859-30. 1 vol. in-8.

SPÉCIÈS DES COLÉOPTÈRES TRIMÈRES SÉCURIPALPES. *Lyon et Paris*. 1850-1851. 1 vol. en deux parties grand in-8.

OPUSCULES ENTOMOLOGIQUES grand in 8°.

— 1er cahier. 1852. Mémoires divers.
— 2me cahier. 1853. id.
— 3me cahier. 1853. Coccinellides.
— 4me cahier. 1853. Parvilabres.
— 5me cahier. 1854. id.
— 6me cahier. 1855. Mémoires divers.
— 7me cahier. 1856. id.
— 8me cahier. 1858. id.
— 9me cahier. 1859. Parvilabres, etc.
— 10me cahier. 1859. Parvilabres.

COURS D'HISTOIRE NATURELLE. *Paris*, 1856 (Zoologie).
— — — *Paris*, 1859 (Physiologie).
— — — *Paris*, 1860 (Géologie).

Sous presse :

HISTOIRE NATURELLE DES COLÉOPTÈRES DE FRANCE.
— MOLLIPENNES.
— PORTE-BECS.

OPUSCULES ENTOMOLOGIQUES grand in-8°.
— 12me cahier.

COURS D'HISTOIRE NATURELLE. (Botanique).

Lyon. — Imp. de F. DUMOULIN, rue St-Pierre, 28.

www.ingramcontent.com/pod-product-compliance
Ingram Content Group UK Ltd.
Pitfield, Milton Keynes, MK11 3LW, UK
UKHW020122200726
13856UKWH00002B/686